国家电网
STATE GRID

国家电网有限公司特高压建设分公司
STATE GRID UHV ENGLNEERING CONSTRUCTION COMPANY

特高压工程施工图审查要点

（2022 年版）

变电工程分册

国家电网有限公司特高压建设分公司　组编

中国电力出版社
CHINA ELECTRIC POWER PRESS

<h1 style="text-align:center">内 容 提 要</h1>

为进一步落实国家电网有限公司"一体四翼"战略布局，促进"六精四化"三年行动计划落地实施，提升特高压工程建设管理水平，国家电网有限公司特高压建设分公司系统梳理、全面总结特高压工程建设管理经验，提炼形成《特高压工程建设标准化管理》等系列成果，涵盖建设管理、技术标准、施工工艺、典型工法、经验案例等内容。

本书为《特高压工程施工图审查要点（2022年版） 变电工程分册》，分为土建篇和电气篇2篇。其中，土建篇包括总图部分、建筑部分、结构部分、水工部分、暖通部分等15章；电气篇包括电气一次和电气二次及辅助系统2章。

本套书可供从事特高压工程建设的技术人员和管理人员学习使用。

图书在版编目（CIP）数据

特高压工程施工图审查要点：2022年版 . 变电工程分册/国家电网有限公司特高压建设分公司组编 . —北京：中国电力出版社，2023.9

ISBN 978 - 7 - 5198 - 8044 - 6

Ⅰ.①特… Ⅱ.①国… Ⅲ.①特高压电网－变电－工程施工 Ⅳ.①TM727

中国国家版本馆 CIP 数据核字（2023）第 156603 号

出版发行：中国电力出版社
地 　　址：北京市东城区北京站西街 19 号（邮政编码 100005）
网 　　址：http://www.cepp.sgcc.com.cn
责任编辑：翟巧珍（806636769@qq.com）
责任校对：黄 蓓 常燕昆
装帧设计：郝晓燕
责任印制：石 雷

印 　　刷：北京九天鸿程印刷有限责任公司
版 　　次：2023 年 9 月第一版
印 　　次：2023 年 9 月北京第一次印刷
开 　　本：880 毫米×1230 毫米 16 开本
印 　　张：7
字 　　数：150 千字
定 　　价：60.00 元

《特高压工程施工图审查要点（2022 年版）变电工程分册》

编 委 会

主　任	蔡敬东　种芝艺
副主任	孙敬国　张永楠　毛继兵　刘　皓　程更生　张亚鹏
	邹军峰　安建强　张金德
成　员	刘良军　谭启斌　董四清　刘志明　徐志军　刘洪涛
	张　昉　李　波　肖　健　白光亚　倪向萍　肖　峰
	王新元　张　诚　张　智　王　艳　王茂忠　陈　凯
	徐国庆　张　宁　孙中明　李　勇　姚　斌　李　斌

本书编写组

组　　　　长	邹军峰
副　组　长	白光亚　倪向萍
土建篇主要编写人员	吴　畏　曹加良　陈绪德　李康伟　杨洪瑞
	李国满　常　伟　吴继顺　孟令健　程怀宇
	潘青松　王小松　陈正时　刘凯锋　许　瑜
	蔡刘露　刘　峰　张　瑞
电气篇主要编写人员	侯　镭　宋　明　刘　超　王小松　郎鹏越
	张　鹏（变电）　宋洪磊　刘　波　靳卫俊
	阮朝国　高春英　陈　波　胡　金　吴继顺
	王开库　张杰锋

序

从 2006 年 8 月我国首个特高压工程——1000kV 晋东南—南阳—荆门特高压交流试验示范工程开工建设，至 2022 年底，国家电网有限公司已累计建成特高压交直流工程 33 项，特高压骨干网架已初步建成，为促进我国能源资源大范围优化配置、推动新能源大规模高效开发利用发挥了重要作用。特高压工程实现从"中国创造"到"中国引领"，成为中国高端制造的"国家名片"。

高质量发展是全面建设社会主义现代化国家的首要任务。我国大力推进以稳定安全可靠的特高压输变电线路为载体的新能源供给消纳体系规划建设，赋予了特高压工程新的使命。作为新型电力系统建设、实现"碳达峰、碳中和"目标的排头兵，特高压发展迎来新的重大机遇。

面对新一轮特高压工程大规模建设，总结传承好特高压工程建设管理经验、推广应用项目标准化成果，对于提升工程建设管理水平、推动特高压工程高质量建设具有重要意义。

国家电网有限公司特高压建设分公司应三峡输变电工程而生，伴随特高压工程成长壮大，成立 26 年以来，建成全部三峡输变电工程，全程参与了国家电网所有特高压交直流工程建设，直接建设管理了以首条特高压交流试验示范工程、首条特高压直流示范工程、首条特高压同塔双回交流示范工程、首条世界电压等级最高的特高压直流输电工程为代表的多项特高压交直流工程，积累了丰富的工程建设管理经验，形成了丰硕的项目标准化管理成果。经系统梳理、全面总结，提炼形成《特高压工程建设标准化管理》等系列成果，涵盖建设管理、技术标准、工艺工法、经验案例等内容，为后续特高压工程建设提供管理借鉴和实践案例。

他山之石，可以攻玉。相信《特高压工程建设标准化管理》等系列成果的出版，对于加强特高压工程建设管理经验交流、促进"六精四化"落地实施，提升国家电网输变电工程建设整体管理水平将起到积极的促进作用。国家电网有限公司特高压建设分公司将在不断总结自身实践的基础上，博采众长、兼收并蓄业内先进成果，迭代更新、持续改进，以专业公司的能力与作为，在引领工程建设管理、推动特高压工程高质量建设方面发挥更大的作用。

2023 年 6 月

前言

实施基建"六精四化"（"六精"指精益求精抓安全、精雕细刻提质量、精准管控保进度、精耕细作抓技术、精打细算控造价、精心培育强队伍；"四化"指标准化、机械化、绿色化、智能化）三年行动计划，是落实新发展理念、推动能源互联网高质量建设的现实需要，是立足基建专业实际、落实"一体四翼"发展布局的具体部署，是继承发扬优良传统、推动新时期国家电网公司基建专业工作再上新台阶的重点举措。

为进一步统一建设标准，建立适合特高压工程的技术标准体系，努力打造特高压标准化建设中心，高质量建成并推动特高压"五库一平台"落地应用，根据国家电网有限公司特高压建设分公司落实基建"六精四化"三年行动计划实施方案重点工作和任务清单，组织各部门、工程建设部，全面总结特高压变电工程建设经验、典型案例，结合工程建设实际，立足工程建设全过程，全面梳理特高压变电工程施工具体要求，概括总结，提炼要点，编写而成《特高压工程施工图审查要点（2022 年版） 变电工程分册》。

本书编制依据包括：国家、行业和企业相关标准、规程、规范以及标准工艺、质量通病防治、通用设计、重点反措、创优策划，内容涵盖总图、建筑、结构、水工、暖通、电气一次和电气二次及辅助系统等 17 章，是对特高压变电工程施工图审查要点的总结，为开展施工图审查工作提供了标准，对施工图管理具有很强的指导意义。

该成果的进一步应用，有利于提前介入工程前期设计工作，将问题消除在设计阶段；有利于统一基建与运行技术要求，促进工程设计与现场建设的有效衔接；有利于强化施工图审查环节把关，规范设计变更、签证管理流程，对严格造价规范化管理，推进好结算质效提升形成有效支撑，从而促进特高压变电工程质量提升，推动"六精四化"专业管理体系构建。国家电网有限公司特高压建设分公司将持续开展特高压变电工程施工图审查要点的深化研究，对特高压变电工程施工图审查要点进行动态更新，持续完善，打造更完善的特高压技术标准体系，推动特高压工程高质量建设。

编者

2023 年 5 月

目录

序

前言

第1篇 土 建 篇

第 2 篇　电　气　篇

第1篇　土　建　篇

第1章 总 图 部 分

1.1 说 明 书

1.1.1 设计说明中的规程、规范应采用国家、行业和企业标准最新版本。

1.1.2 设计应统一施工图纸中执行强条及国家电网有限公司标准工艺、质量通病防治、创优策划、十八项反措等有关规定的做法,同一卷册施工图每卷册后应附各文件单独说明。

1.1.3 施工图设计文件应明确采用的新技术、新材料、新工艺等使用情况。

1.1.4 应重点审查工程消防安全性。

1.1.5 应重点审查地基基础和主体结构的安全性。

1.1.6 应重点审查是否符合民用建筑节能强制性标准,对执行绿色建筑标准的项目,还应当审查是否符合中华人民共和国住房和城乡建设部颁布的《绿色建造技术导则(试行)》的要求。

1.1.7 设计应通过合理选择更加安全可靠的建筑材料及建筑装饰材料,实现输变电工程建(构)筑物使用寿命达到 60 年以上,实现工程各类设备、建筑之间寿命和功能的优化匹配,进一步提高换流(变电)站的防灾减灾能力。

1.2 总平面布置

1.2.1 设计应合理规划换流变压器广场区域布置,应尽量减少换流变压器广场上牵引环、雨水井、排油井的数量,事故油池等设施不应布置在换流变压器广场区域。

1.2.2 总平面布置中公用配电室宜靠近站前区并尽量靠近负荷中心,节省电缆及电缆通道。

1.2.3 建筑物外的沉降观测点宜统一型式、统一高度布置。

1.2.4 配电装置区根据巡视、操作和检修要求铺设绝缘地坪和操作小道,其余区域场地宜优先采取硬化封闭。

1.2.5 设计应优化全站雨排水管网布置,对于排水管设置较深(超过5m)的换流站工程应通过设置两个及以上总出水口,合理设计雨水排水系统的深度,降低施工安全风险。

1.2.6 总平面布置应考虑站内运输及以后运行维护的方便。站区内(特别是主变压器区和高压并联电抗器区）、站外（主要是地方道路和站外道路结合部）道路转弯半径、宽度、坡度应能够满足大件运输车辆通过。运输路线的沿途应考虑临近建筑物、土建设施、设备及构架与运输设备外廓保持距离。

1.2.7　邻近设备处设计人行道路，建议宽度 1.5m 以上，转弯半径为 2m，人行道路可实现全站无障碍通行，便于巡检机器人巡视设备及运维人员开展操作巡视。

1.2.8　总平面布置中给排水管道应与 GIS 等对差异沉降敏感的重要设备基础保持合理距离。

1.2.9　站内各道路的等级、断面形式、尺寸、转弯半径等相关要素，应符合现行国家、行业和企业标准相关要求。

1.3　竖　向　布　置

1.3.1　站区竖向布置应考虑电缆沟与电缆沟、电缆沟与道路、建（构）筑物与道路或电缆沟所围的封闭区域的排水设计，应避免积水。

1.3.2　在电缆沟规划布置时，应充分考虑站内建（构）筑物、地下排水（油）管网等设施。

1.3.3　电缆沟盖板顶面标高、道路标高、路缘石标高、场地标高、巡视小道标高、设备基础露出地面高度等应统一规划，满足运行巡视要求并确保美观。

1.3.4　换流变压器仓位电缆沟伸出电缆管路较多时，应统一进行优化设计，保证美观实用。

1.3.5　过道路地段宜采用钢筋混凝土现浇整体式暗沟或埋管，保证道路平整和外形美观。在换流变压器广场上采用钢筋混凝土隧道或暗沟应间隔一定距离设置活动检修口。

1.3.6　竖向布置图应结合站区排水设计，同时要注意由于排水坡度原因而可能导致的电气距离不满足要求等问题。

1.3.7　过电缆沟排水槽底部应低于场地地坪标高，便于水流通畅。

1.3.8　应重点审查是否有土石方工程平衡设计，要求初平标高与终平标高预留一定的差值，用以调整全站土方最终平衡。

1.3.9　道路、电缆沟转角和交叉处应有必要的节点详图设计。

1.3.10　截水沟或泄洪沟断面尺寸需满足排水要求，原则上不应低于 600mm×800mm，且宜采用混凝土结构。

1.4　碰　撞　冲　突

1.4.1　户外电缆沟进入建筑物前应优先考虑下沉式设计方案，避免破坏散水完整性。

1.4.2　电缆沟及其盖板应避免与电缆沟周边建（构）筑物位置冲突。

1.4.3　路灯、端子箱等设备基础应避免与操作小道、电缆沟等相互冲突。

1.4.4　GIS 室外分支母线基础应避免布置在散水上。

1.4.5　站区雨水井避免与建筑物散水、道路转弯处、广场交接处等冲突，避免出现半个井圈现象。

1.4.6　操作地坪、巡视小道应根据现场雨水井、电缆沟盖板、保护帽等进行合理布置。

1.4.7　电缆沟与其他建（构）筑物交接处，需设置沉降缝或变形缝，且电缆沟底部排水方向应向外。

1.4.8　施工图设计文件应明确操作小道做法、面积等。小道应能通至每个操作机构和仪表，尽量做到运行单位巡视时不走回头路。

1.5　站内（进站）道路

1.5.1　道路可根据所在地区设计为城市型和郊区型两种型式。在湿陷性黄土、具有溶陷性的盐渍土和膨胀土等对雨水敏感的，以及膨胀土地区站内道路宜采用城市型。

1.5.2　换流站道路设计应满足运行、检修、消防、设备安装及设备带电安全间距等要求，合理规划各区域道路转弯半径，其中换流变压器运输道路转弯半径不小于30m，站用变压器运输道路转弯半径不小于20m，直流场主道路的转弯半径应考虑平波电抗器的运输、检修要求，且不应小于15m。环形消防道路转弯半径不小于7m，一般道路转弯半径不小于5m。

1.5.3　交流变电站道路转弯半径应考虑后期扩建或维修要求，其中站内主道路转弯半径不宜小于15m。

1.5.4　GIS室内、靠近换流变压器广场区域、靠近交流出线区域，应合理设置安装、检修通道。

1.5.5　通往调相机区域的运输道路，应根据目前主流调相机厂家运输需要进行校核，避免转弯半径不足或对道路下方电缆沟、埋管等产生影响。

1.5.6　站内道路根据使用功能可分为主变压器运输道路、站内检修运行道路和消防道路，应考虑施工时路面硬化的需要，尽量与永久性道路相结合，原则上以不提高标准做到永临结合。

1.5.7　道路宜采用双坡道路，道路横向设置1%～2%坡度，道路两侧场地标高一致，确保各区域场地竖向设计标高基本统一，设备基础露出场地高度统一。道路中心标高较场地高150mm。

1.5.8　进站道路建议采用与站内道路相同的路面。

1.5.9　进站道路路面宽度不小于6m，转弯半径不宜小于30m。

1.5.10　进站道路两侧设置绿化、路灯及防撞墩，防撞墩采用红白荧光漆，绿化结合当地气候条件进行种植，站内道路应施划夜光道路标识线。

1.5.11　沥青道路与换流变压器广场、综合楼广场、围墙散水等交界时，不建议采用路侧石方案，可设置角钢分隔。

1.5.12　混凝土面层下有箱形构造物或圆形管状构造物横向穿越时，在构造物顶宽两侧各加

1~4m 的混凝土面层内布设双层钢筋网（建议：网片应点焊，钢筋直径为 12mm，纵向钢筋间距 100mm，横向钢筋间距 200mm，上下层钢筋网各距面层顶面和底面 1/4~1/3 厚度处）。如作为构造物顶板则应经计算确定板厚及配筋。配筋混凝土与其他混凝土之间应设置胀缝。

1.6　道路缩缝胀缝

1.6.1　缩缝应采用中性硅酮耐候密封胶灌缝。胀缝下部用胀缝板填充，上部 40mm 高密封宜为中性硅酮耐候密封胶。

1.6.2　胀缝应在混凝土道路变截面处设置，且上下贯通。

1.7　检修通道

1.7.1　设计应与运行单位充分沟通，考虑检修和巡检通道的设置，隔离开关、接地开关、电压互感器、避雷器设备区域应设计硬化检修通道。

1.7.2　设计应在隔离开关、避雷器、落地箱、直流开关及其绝缘平台、分压器、电流互感器等设备四周设置操作地坪，所有操作地坪通过巡视小道就近与电缆沟盖板或道路接通，平波电抗器围栏、直流滤波器围栏硬化地面加宽 0.8m 兼作巡视小道。

1.7.3　设计应在 PLC 区域平面布置中考虑安装及检修时大型机械的通道。

1.7.4　设计应考虑在滤波器场、直流场、阀厅周围利用电缆沟盖板加小道连接主道的方法完善运行巡视小道。

1.7.5　检修小道布置应考虑场地排水，避免检修通道施工后形成封闭场地。

1.7.6　操作地坪如需要设置为绝缘地坪，需要在工程招标前确定，明确具体做法，工程招标后不再调整。

1.8　地基基础

1.8.1　重点审查地基承载力的确定方法是否符合强制性标准要求，沉降计算是否满足上部结构设计要求。

1.8.2　对勘察等级为甲级的建筑采用地基处理方案是否按要求进行了充分的论证结论，并以此作为施工图审查依据之一。

1.8.3　存在二次或多次开挖的地基，设计应作特别说明，对是否需要换填做专门要求。凡是经过地基处理的基础，设计应对地基处理及检验提出明确要求。

1.8.4　根据《膨胀土地区建筑技术规范》（GB 50112—2013）第 3.0.3 条，膨胀土地基基础设计应符合下列规定：

（1）建筑物的地基计算应满足承载力计算的有关规定。

（2）地基基础设计等级为甲级、乙级的建筑物，均应按地基变形设计。

（3）建造在坡地或斜坡附近的建筑物以及受水平荷载作用的高层建筑、高耸构筑物和挡土结构、基坑支护等工程，应进行稳定性验算。验算时应计及水平膨胀力的作用。

1.8.5 隔离开关动、静触头支柱基础之间需采用连梁方式。确保设备基础的均匀沉降，避免由于基础沉降影响隔离开关分、和动作。

1.9 地 基 处 理

1.9.1 根据《建筑地基处理技术规范》（JGJ 79—2012）中第 3.0.5 条：处理后的地基应满足建筑物地基承载力、变形和稳定性要求，地基处理的设计尚应符合下列规定：

（1）经处理后的地基，当在受力层范围内仍存在软弱下卧层时，应进行软弱下卧层地基承载力验算；

（2）按地基变形设计或应作变形验算且需进行地基处理的建筑物或构筑物，应对处理后的地基进行变形验算；

（3）对建造在处理后的地基上受较大水平荷载或位于斜坡上的建筑物及构筑物，应进行地基稳定性验算。

1.9.2 对用作路基的土，应加强土质的鉴别和性能测试，尽量不采用高液限黏土及含有机质细粒土作为道路的路床填料，因条件限制而必须采用上述土做填料时，应掺加石灰或水泥等结合料改善。在季节性冰冻地区、水文地质条件不良的土质路堑和路床土湿度较大时，路基可能产生不均匀沉降或不均匀变形时，应在层基下分别设置防冻垫层、排水垫层和半刚性垫层。基层的宽度应比混凝土面层每侧至少宽 300mm。

1.9.3 对于软弱或填方场地，应考虑地基内加铺土工格栅以防止场地发生不均匀沉降导致混凝土广场裂缝，合理设置换流变压器广场伸缩缝，兼顾广场观感和防开裂要求。

1.9.4 当地基的湿陷变形、压缩变形或承载力不能满足设计要求时，应针对不同土质条件和建筑物的类别，在地基压缩层内或湿陷性黄土层内采取处理措施，各类建筑的地基处理应符合下列要求：

（1）甲类建筑应消除地基的全部湿陷量或采用桩基础穿透全部湿陷性黄土层，或将基础设置在非湿陷性黄土层上；

（2）乙、丙类建筑应消除地基的部分湿陷量。

1.9.5 回填土中石块过大时，设计图纸应明确要求回填土施工单位配备碎石机进行破碎后方可进行回填，并应明确回填石块粒径要求。

1.9.6 设计的地基处理方案应合理，地基处理后的检测指标应明确。

1.9.7 当强夯施工所产生的振动有可能对邻近建筑物或设备会产生有害的影响时，设计应考虑设置监测点，并明确挖隔振沟等防振或隔振措施。

1.9.8　强夯处理后的地基竣工验收时，应采用原位测试和室内土工试验进行承载力检验。强夯置换后的地基竣工验收时，除应采用单墩载荷试验进行承载力检验外，尚应采用动力触探等有效手段查明置换墩着底情况，以及承载力与密度随深度的变化，对饱和粉土地基允许采用单墩复合地基载荷试验代替单墩载荷试验。

1.9.9　振冲处理后的地基、砂石桩地基、水泥粉煤灰碎石桩地基竣工验收时，应采用复合地基载荷试验进行承载力检验。

1.9.10　基础底板变厚度处、变高度处、留电梯坑、集水坑处，均应在平面图中表示变坡线，并画剖面图；基础底板钢筋应标注上下层位置；在基础平面图上应标示后浇带位置，以方便施工；在基础图中应写明基础设计等级。

1.9.11　基础埋置深度和类型选择必须满足设计规范要求。

1.10　桩　基　础

1.10.1　应重点审查设计计算采用的规范、标准是否合法有效；设计计算是否符合规范要求，选用材料是否满足要求，特别是桩身强度验算是否符合要求；处理深度是否正确，是否与岩土勘察报告要求相符。重点审查设计对桩基静载荷试验的要求和方法。审查设计对桩偏差的控制和处理要求。

1.10.2　审查设计说明是否与现行规范冲突或超规范的要求，设计应明确灌注桩的后注浆、超声波检测管的设置、预制桩的接桩方式等。明确混凝土、钢材是否有特殊要求，有无外加剂及防腐阻锈剂要求。

1.10.3　审查图纸是否与岩土勘察报告有冲突，包括持力层的选择、土质腐蚀性的描述等。

1.10.4　对于采用块石夹杂夯填的地基，尽量避免采用管桩。

1.10.5　根据《建筑桩基技术规范》（JGJ 94—2008）第 3.1.3 条，桩基应根据具体条件分别进行下列承载能力计算和稳定性验算：

（1）应根据桩基的使用功能和受力特征，分别进行桩基的竖向承载力计算和水平承载力计算。

（2）应对桩身和承台结构承载力进行计算；对于桩侧土不排水抗剪强度小于 10kPa 且长径比大于 50 的桩应进行桩身压屈验算；对于混凝土预制桩应按吊装、运输和锤击作用进行桩身承载力验算；对于钢管桩应进行局部压屈验算。

（3）当桩端平面以下存在软弱下卧层时，应进行软弱下卧层承载力验算。

（4）对位于坡地、岸边的桩基应进行整体稳定性验算。

（5）对于抗浮、抗拔桩基，应进行基桩和群桩的抗拔承载力计算。

（6）对于抗震设防区的桩基应进行抗震承载力验算。

1.10.6　根据 JGJ 94—2008 第 3.1.4 条，下列建筑桩基应进行沉降计算：

（1）设计等级为甲级的非嵌岩桩和非深厚坚硬持力层的建筑桩基。

（2）设计等级为乙级的体型复杂、荷载分布显著不均匀或桩端平面以下存在软弱土层的建筑桩基。

（3）软土地基多层建筑减沉复合疏桩基础。

1.10.7 根据 JGJ 94—2008 第 5.5.1 条，建筑桩基沉降变形计算值不应大于桩基沉降变形允许值。

1.10.8 根据 JGJ 94—2008 第 5.5.4 条，建筑桩基沉降变形允许值，应按 JGJ 94—2008 中表 5.5.4 规定采用。

1.10.9 根据 JGJ 94—2008 第 5.9.6 条，桩基承台厚度应满足柱（墙）对承台的冲切和基桩对承台的冲切承载力要求。

1.10.10 根据 JGJ 94—2008 第 5.9.9 条，柱（墙）下桩基承台，应分别对柱（墙）边、变阶处和桩边连线形成的贯通承台的斜截面的受剪承载力进行验算。当承台悬挑边有多排基桩形成多个斜截面时，应对每个斜截面的受剪承载力进行验算。

1.10.11 根据 JGJ 94—2008 第 5.9.15 条，对于柱下桩基，当承台混凝土强度等级低于柱或桩的混凝土强度等级时，应验算柱下或桩上承台的局部受压承载力。

1.10.12 夯实水泥土桩地基竣工验收时，应采用单桩复合地基载荷试验进行承载力检验。

1.10.13 竖向承载水泥土搅拌桩地基、竖向承载旋喷桩地基竣工验收时，应采用复合地基载荷试验和单桩载荷试验进行承载力检验。

1.10.14 石灰桩地基、灰土挤密桩和土挤密桩地基、柱锤冲扩桩地基竣工验收时，应采用复合地基载荷试验进行承载力检验。

1.10.15 单液硅化法处理后的地基竣工验收时，应采用动力触探或其他原位测试件进行承载力及其均匀性测试。

1.10.16 设计有人工挖孔桩时应考虑必要的安全措施。

1.10.17 设计应合理考虑各种桩型的适用范围：

（1）泥浆护壁成孔，冲抓、冲击、回转钻适用于碎石土、砂土、黏性土及风化岩，潜水钻适用于黏性土、淤泥、淤泥质土及砂土。

（2）干作业成孔螺旋钻适用于地下水位以上的黏性土、砂土及人工填土，钻孔扩底适用于地下水位以上的坚硬、硬塑的黏性土及中密以上的砂土，机动洛阳铲（人工）适用于地下水位以上的黏性土、黄土及人工填土。

（3）套管成孔锤击振动适用于可塑、软塑、流塑的黏性土、稍密及松散的砂土。

1.10.18 针对 GIS、高压并联电抗器、主变压器、换流变压器等基础，应考虑不同地基处理造成的不均匀沉降，避免出现桩基＋天然地基、桩基＋碎石换填等地基处理方式在同一个设备筏板出现。

1.10.19 对于地下水比较丰富，有砂砾层或场平设置有盲沟等工程或部位，成桩困难时应考虑钢护筒。

1.10.20 泥浆护壁的项目，需要明确安全文明施工和环水保相关要求。

1.10.21 对于软弱地基（如湿陷性黄土地基、冻融区地基）应考虑设备基础承载采用桩基础。

1.11 湿 陷 性 黄 土

1.11.1 应重点审查设计对湿陷性黄土地基的设计处理技术要求。设计应充分考虑湿陷性黄土对回填、排水系统及防水系统影响并采取以下措施：

（1）对于场平湿陷性黄土强夯回填方案，应专题论证评审。

（2）电缆沟采取增加灰土垫层或底板厚度来增加底板强度。

（3）给排水系统采取防渗漏措施。

（4）场地封闭的方案及防水措施。

1.11.2 设计应充分考虑湿陷性黄土对工程的影响，如建筑物开裂、突然下陷、突然失稳等；设计应充分重视电力工程的安全和使用功能要求，充分认识湿陷性黄土地基处理的重要性，通过处理最大可能增加地基强度、减少变形。

1.11.3 在湿陷性黄土场地采用桩基础时，桩端必须穿透湿陷性黄土层，并应符合下列要求：

（1）在非自重湿陷性黄土场地，桩端应支撑在压缩性较低的非湿陷性黄土层中。

（2）在自重湿陷性黄土场地，桩端应支撑在可靠的岩（或土）层中。

1.11.4 湿陷性黄土场地上建筑物的设计文件中，应附有建筑物和管道的使用、维护要求。

1.11.5 施工图详勘勘探点应沿建筑轮廓或基础中心位置布设，勘探点间距应符合《湿陷性黄土地区建筑标准》（GB 50025—2018）的 4.2.5 条要求。

1.11.6 湿陷性黄土地区地下管道、排水沟、雨水明沟和水池等构筑物与建筑物之间的防护距离应满足 GB 50025—2018 的 5.2.4 条要求。

1.11.7 湿陷性黄土地区建筑场地平整后的坡度，在建筑物周围 6m 内不宜小于 2%。当为不透水地面时，可适当减小，建筑物周围 6m 外不宜小于 0.5%。

1.11.8 湿陷性黄土地区建筑物周围散水的要求应符合 GB 50025—2018 的 5.3.3 条～5.3.4 条要求。

1.12 膨 胀 土 地 基

1.12.1 膨胀土地基上建筑物的基础埋置深度不应小于 1m。

1.12.2 膨胀土地基上建筑物的地基变形计算值，不应大于地基变形允许值。地基变形允许值应符合《膨胀土地区建筑技术规范》（GB 50112—2013）中 5.2.16 的规定。

1.12.3 站区有膨胀土地基且有可能受到雨水侵害时，需要对雨排水系统进行校核，必要时采用易于检修清理的明沟式排水系统，场地封闭应考虑隔水层，避免因地面雨水下渗及排水沟渗漏导致土体承载力下降及水土流失。

1.13 土 方 平 衡

1.13.1 初平标高应进行复测，设计在确定最终竖向标高时应根据站址土质特征、土方松散系数、耕植土清理厚度、基础换填、基槽余土和进站道路土方工程量等情况等，准确核算站址初平和终平标高；初平标高确定时要充分考虑站内外（包括进站道路、基槽余土、防排洪设施等）挖填土石方综合平衡的前提下，并且使站区场地平整土石方量最小。施工临建土方应纳入工程土方平衡计算范围。

1.13.2 终平标高确定应充分考虑纠正土方方格网的测量误差（实际初平与设计初平比较并更正），基槽余土计算应考虑实际开挖标高和土方膨胀系数等因素。

1.13.3 对挖、填土方不能平衡，导致的土方外购回填或外运弃土应有预案，应充分考虑到测算的误差，终平和初平标高间预留的高度应根据当地购土或弃土成本的高低作调整，若购土成本大于弃土则预留高度尽量偏小，否则反之。

1.13.4 应在初平标高确定后对站内土方进行再复测，确定场地终平标高。

1.13.5 挖填土方量计算时松散系数和压实系数计取要合理，建议现场试验。

1.13.6 临建区域土方要考虑站内整体土方平衡，进站道路土方平整视各工程情况而定。

1.13.7 挖方区边坡土方，设计应计算到全站的土方平衡中。

1.14 设 计 标 高

1.14.1 室内地坪标高：建筑物室内地坪不应低于室外地坪0.3m。

1.14.2 电缆沟沟顶或盖板上表面距场平地面的相对高度等应统一，建议电缆沟盖板上表面距离场平地面相对高度为100mm。

1.14.3 效区型道路路面标高应高于场地设计标高100mm。

1.14.4 基础顶面标高出地面150mm。

1.14.5 站道路、巡视小道、操作地坪、构支架及灯具基础保护帽、端子箱基础、主变压器油池壁等构筑物露出地面时，露出高度设计应做统一规定，确保全站协调一致。建筑物散水等，在全站场地放坡排水情况下的最终出地面高度。

1.14.6 电缆沟与道路应无高差自然衔接，便于巡视。

1.14.7 考虑运行机器人检修行走，电缆沟盖板上表面、巡视小道上表面、道路路侧石标高应统计，无高差自然连接。

1.14.8 建筑物勒脚高度应保持一致，根据建筑物高度全站做出统一规定。

1.14.9　设计应提出沉降观测点设置方案，对沉降观测点设置位置、标高及出墙长度进行统一规定，并提供详图。

1.14.10　站区场地标高应能够防御百年一遇洪水位及内涝水位。

1.15　管线及埋管

1.15.1　总图专业应配合电气、水工、通信等专业做好地下综合管线布置工作，负责归口所有专业的地下埋管，提高综合管线布置图设计深度，并注意与成套设计方、设备厂家的配合，避免造成管线碰撞。

1.15.2　地下管网、过道路的绿化、消防、工业水管道等各种管线过道路或电缆沟，应增加套管，套管出道路及电缆沟每边 1000mm，便于管道检修。

1.15.3　消防、工业、生活水管道宜采用管沟方式，以便检修工作。

1.15.4　管线不宜平行布设在道路下面，以免对基层造成破坏。

1.15.5　过道路的电缆埋管应增加备用埋管，埋管规格和数量应留有适当的裕度，便于敷设遗漏或更换电缆。电缆埋管长度较长的，管径适当放大 1~2 级选择，以方便穿电缆。

1.15.6　管道穿过结构伸缩缝、抗震缝及沉降缝敷设时，应根据情况采取下列保护措施：在墙体两侧采取柔性连接；在管道或保温层外皮上下部留有不小于 150mm 的净空；在穿墙处做成方形补偿器水平安装。

1.15.7　综合水泵房至喷淋水池供水管线、消防管线等，应避免通过直埋方式敷设在混凝土筏板基础或硬化地面下方，应远离电气设备；如采用直埋方式敷设于场地下方时，应注意合理长度（如 300~400m）设置阀门，并应有合理化保护措施来保证施工质量及管线检查、日常检修维护。

1.15.8　尽量避免在换流变压器广场下设置三通。如不能避免时，则应在三通处设置检查井，以便出现问题时检查。

1.15.9　有吊顶房间不建议采用楼板敷设电气埋管。综合楼休息室、油化室不吊顶，需提前考虑电气设备埋管布置，应考虑各类穿越管道的高度，吊顶后净高不低于 2.8m；其余房间宜采用铝扣板吊顶。

1.15.10　南方地区墙体埋管不建议采用金属管，避免凝露造成短路。

1.15.11　过路电缆沟宜采用钢筋混凝土结构装配式电缆沟，800mm 以下沟道宜改为埋管。埋管应采用镀锌钢管，埋管不应采取焊接连接。

1.16　防风沙措施

1.16.1　北方多风沙地区雨水检查井应有沉沙措施，以防管道堵塞。

1.16.2 防风沙电缆沟盖板制作尺寸应考虑安装缝隙要求。

1.16.3 风沙严重地区，应考虑电缆沟盖板的防风沙措施。

1.16.4 风沙严重地区，应考虑检修箱、端子箱等防风沙措施。

1.17 电 缆 沟

1.17.1 全站室内外电缆沟如采用封闭沟，全站应尽量统一成几个尺寸标准，封闭沟内空高度不小于1.4m。电力电缆使用专用电缆沟敷设。过道路段截面小于800mm×1000mm的电缆沟（600mm×600mm，400mm×400mm），由于其空间狭小人员无法施工，宜采用增大截面或埋管方式。

1.17.2 电缆沟电缆支架宜采用热镀锌材质，安装宜采用内膨胀螺栓安装。

1.17.3 设计应考虑增大靠近主控制楼的电缆沟截面，减少远离控制楼电缆沟截面。

1.17.4 承重盖板和非承重盖板应有明显标识区别，非承重地面或电缆沟盖板前应设置车辆阻挡栏杆并有警示标志。

1.17.5 在直流场电缆沟布置时，应充分考虑干式平波电抗器安装及检修的要求，在平波电抗器安装及检修通道处设置电缆沟。

1.17.6 电缆沟采用埋地式时，应每隔6～12m设置1个检查井（孔）。

1.17.7 露明电缆沟长度应提前进行排版策划，确保无异型沟盖板。

1.17.8 电缆沟壁穿管电缆采用后开孔方式。

1.17.9 电缆沟转角处应设置倒角。电缆沟壁在电缆沟转角、交叉处应设置钢筋混凝土过梁。

1.17.10 进建筑物电缆沟沟底应设置挡水台，挡水台应位于电缆沟侧，防止沟内雨水进入建筑物及渗入地基。

1.17.11 地下沟（隧）道每隔15m设置1道伸缩缝，缝内应有防水、止水措施。

1.17.12 电缆沟（隧）道进控制楼、GIS室、综合楼、备品库等，应设防火隔断（防火隔墙或防火门），其耐火极限不应低于4h。

1.17.13 在电缆沟混凝土压顶置入橡胶条，以保证沟盖板踩踏无响声。

1.17.14 电缆沟防火墙上采用特制的钢化玻璃可视盖板，并设置编号。

1.17.15 电缆沟盖板采用工厂化制作预制盖板，要求清水混凝土工艺、面层无色差。

1.17.16 双沟设计建议采用共壁形式。

1.17.17 图纸应明确电缆沟孔洞数量位置，并在工程量清单考虑一部分后期开孔工程量。

1.17.18 图纸应明确电缆沟沟壁孔洞封堵做法，避免场地水通过孔洞渗漏至电缆沟。

1.17.19 对于远期有电缆可能穿站内道路段的位置，宜采用预埋管方式，防止远景施工破坏道路。

1.17.20 采用隧道式电缆沟时，设计须考虑主、备换流变压器轨道位置混凝土梁对电缆沟空间的影响，应预留安装施工空间。

1.17.21 针对调相机场区至换流站场区交界处的电缆沟，应校核过路电缆沟是否满足调相机本体转运的承载力需要，必要时改为埋管通过。

1.17.22 针对交流滤波器场区至换流区、继电器小室等电缆沟交叉穿越的重点部位，校核电缆沟空间容量是否足够，避免各主沟空间够用而交叉点转接井空间不足的情况。

1.17.23 落实电缆沟防油火延燃措施。靠近充油设备（变压器等）附近 20m 范围内的电缆沟，应有防油火延燃措施，可采用砂浆抹面、卡槽式电缆沟盖板或在普通盖板上覆盖防火玻璃丝纤维布等措施，也可考虑设置封闭管沟。

1.17.24 GIS 室、继电器室、综合楼等建筑物内电缆沟净空不低于 1500mm，主、辅控制楼一层电缆沟净空不宜低于 1800mm，电缆出口处增设封闭支沟或夹层；室内电缆沟检修口采用角钢包边防护，检修口应居中室内屏柜、走道等布置，避免设置在门口。

1.18 电缆沟排水

1.18.1 室内、室外电缆沟均应考虑排水措施，室外电缆沟排水采用沟中沟工艺，沟底设置集水坑。室内电缆沟应设集水坑，集水坑内应考虑排水措施。

1.18.2 室内、室外电缆沟排水点设置均明确标注位置、标高和施工大样图，电缆沟底集水坑宜采用塑料制品滤水网。

1.18.3 电缆沟沟槽开挖应计算好标高，考虑电缆沟排水高差，确保电缆沟净高满足要求。

1.18.4 室内外电缆沟高差不宜小于 300mm，不满足要求时应设置挡水设施。

1.18.5 室内电缆沟应设置排水坡度，并排至室外电缆沟，严禁出现排水倒灌。

1.18.6 过道路涵洞、高低压电缆沟跨越等较深部位应设置集水坑，并与站区排水系统连通。

1.18.7 室内、外电缆沟底板应有明显高差，并在室内、外电缆沟接口处设置 100mm 高现浇混凝土止水坎，防止室外雨水倒灌到室内。

1.19 场地排水

1.19.1 场地排水方式应采用场地放坡＋雨水下水道的排水方式。

1.19.2 场地设计综合坡度：0.5%～2%。有可靠排水措施时，可小于 0.5%，但应大于 0.3%。

1.19.3 雨水口设置：雨水口应位于汇水集中地段，当位于道路两侧（外边缘距离道路外边缘 0.5m）时，间距宜为 20～50m。

1.19.4 电缆沟渡槽（过水桥）排水：户外配电装置场地排水应畅通，对被高出地面的电缆沟、巡视小道拦截的雨水，宜采用排水渡槽或设置雨水口并敷设雨水下水道方式排除。

1.19.5 道路接口排水：站内、站外道路连接点标高确定应便于行车和排水。站区出入口的路面标高宜高于站外路面标高，否则应有防止雨水流入站内的措施。

1.19.6 设计应注意排查有部分场地被电缆沟分隔后，区域内雨水无法排出，造成现场积水或雨水排入电缆沟的问题，并设置相应的排水措施。

1.20 电 缆 隧 道

1.20.1 采用隧道式电缆沟时，设计须考虑主、备换流变压器轨道位置混凝土梁对电缆沟空间的影响，应预留安装施工空间。设计应核算通道电缆支架容量，以免混凝土梁占用电缆通道空间，应考虑降低混凝土梁位置沟底的排水设计。

1.20.2 电缆隧道应间隔设置防火门，满足相关防火要求。

1.20.3 电缆隧道重要部位及电缆沟转弯处，应设置消防灭火设施。

1.21 场 地 硬 化

1.21.1 场地硬化铺设预制砖方案时，预制砖应采取现场租地、现场加工制作方案，要确保工艺先进、成品质量优良。

1.21.2 绿化所选择的植被种类、数量和面积，应与批复后的环水保方案一致。

1.21.3 采用三七灰土方案时，设计应调研地方材料是否满足工艺要求，必要时通过试验确定三七灰土能否满足规范质量要求。

1.21.4 非风沙区场地封闭方案为碎石封闭方案或绿化方案，根据具体条件选用。非风沙区不宜采用混凝土封闭方案。

1.22 绿 化

1.22.1 站前区应进行适当的绿化设计，应充分利用站前区建筑物旁、路旁及其他空闲场地进行绿化。

1.22.2 全站站前区绿化配置应与周围环境相协调、符合当地土质、自然条件及植物的生态习性且观赏性和美化效果好的常绿树种、花草，以美化站区环境。

1.23 围 栏

1.23.1 配电装置区域的围栏宜采用可拆卸式热镀锌钢板网围栏，围栏边框与柱及边框之间采用可拆卸式螺栓连接，围栏网采用热镀锌钢板网，高度统一为1.8m，颜色为银灰色。

1.23.2 围栏立柱宜采用预埋地脚螺栓方式固定在基础上。

1.23.3 蒸发池四周池壁应采用固定围栏，围栏材质宜采用不锈钢材质。

1.23.4 换流站站前区和设备运行区设置不锈钢围栏，不锈钢厚度不小于1.4mm，隔离围栏设置位置及高度由现场运行确认后实施。

1.23.5 配电装置区域围栏应有可靠性接地措施。

1.24 围墙及进站门

1.24.1 围墙结构：非降噪围墙应采用装配式围墙，不应采用水泥砂浆抹面实体围墙。大风地区降噪围墙应采用现浇框架结构＋预制板填充方案。建议采用现浇混凝土杯口基础、预制钢筋混凝土柱＋插入式装配式墙板形式，全站围墙采用预制清水混凝土压顶，预制件均采用清水混凝土工艺。现浇及预制件均涂刷清水混凝土保护液。

1.24.2 不论围墙饰面材料如何，都建议在围墙内侧增加防溅带（现浇散水坡、预制碎石防溅带），防止围墙勒脚长期受雨水飞溅污染。

1.24.3 换流（变电）站宜采用不低于2.3m高的实体围墙，有反恐要求的围墙应满足现行公安部《电力系统治安反恐防范要求第1部分：电网企业》（GA 1800.1—2021）的物防和高度要求。

1.24.4 位于挖方区的围墙应布置在挖方坡顶。当采用加筋土挡墙形式的柔性边坡，应充分考虑坡面植草土工袋等变形情况，建（构）筑物应与柔性边坡边缘保持充分安全距离，间距不小于2m，避免边坡变形引起围墙变形。

1.24.5 降噪围墙应在钢筋混凝土框架柱顶部预埋隔声屏障支柱地脚螺栓，并根据远期设备降噪需要，预留远期安装隔声屏障的接口。

1.24.6 围墙应根据当地地质条件设置变形缝，间距（一般取10～20m）及其与下部挡土墙变形缝设置应符合国家相关标准的要求，当采取其他可靠措施时，可在规定范围内适当放宽。变形缝宽度宜为20～30mm。施工图设计文件应明确变形缝内部填料及表面盖缝处理要求。

1.24.7 围墙隔声屏障应设置接地。

1.24.8 如果围墙上采用红外对射或电子围栏，应避免检测死角。

1.24.9 站区大门应采用无轨道悬浮电动伸缩门，采用永临结合方式。伸缩门应采取防小动物措施。

1.24.10 普通围墙建议采用装配式围墙，降噪围墙采用预制混凝土墙板填充方案。

1.24.11 围墙的基础形式应合理，回填区围墙基础的地基处理方案应满足要求。

1.24.12 围墙抗风柱间距的设置及其与变形缝之间距离应符合相关规程规范要求。

1.24.13 围墙变形缝设置间距及其与下部挡土墙变形缝设置应符合相关规程规范要求。

1.24.14 站区大门宜与进站道路及站内主设备运输道路中心线对齐，门宽应满足站内大型设备的运输要求。

1.24.15　围墙压顶方式及压顶的排水应合理，避免顶部积灰被雨水冲刷后污染墙面。

1.24.16　围墙表面装饰应考虑减少开裂的措施，分格缝设置间距应适当。

1.24.17　站区大门、警卫传达室应与站区建筑的风格及色彩相协调。位于挖方区的站区主入口应有朝向进站道路较好的视野，有反恐要求的大门外应设置可电动升降的防撞装置。

1.24.18　有挡土墙及边坡的围墙应设置变形观测点，以便定时观测其沉降及位移情况。

1.25　边坡及挡土墙

1.25.1　边坡排水：挡土墙或边坡坡顶应根据需要设置有截水沟或泄洪沟，挖方区有汇水面积时坡脚应设截水沟，截水沟至坡顶的距离不应小于2m。

1.25.2　边坡及其防护：站区内外坡率（高宽比）超过1.0的边坡坡顶设防护栏。防护栏设置要求同平台护栏。

1.25.3　边坡坡顶（脚）应结合地形和天然水系设置截（排）水明沟，截（排）水沟建议采用钢筋混凝土结构。站内外截水沟应沿边坡设置，截水沟采取有组织排水并接入站区雨排水系统。截水沟或泄洪沟应考虑排水方向，避免散排或形成水土流失。

1.25.4　位于两个边坡交汇处的围墙排水措施设计要慎重，要充分考虑暴雨时较大汇水面排水不畅从而造成围墙外侧积水导致围墙倾覆。

1.25.5　挡土墙分段应根据现场地形地貌设计，各段的施工详图应齐全。

1.25.6　设计应明确挡土墙背后滤水层如何设置、墙体内滤水管埋置间距及露出墙面部分的处理方式。

1.25.7　设计应明确挡土墙变形缝如何设置，特别要注意挡土墙的变形缝与上部围墙变形缝的位置要统一，同时应考虑围墙变形缝的间距基本一致、统一美观。

1.25.8　挡土墙表面的勾缝形式应尽量选用凸缝，以增强挡土墙的整体观感效果。

1.25.9　挡土墙排水孔设置要合理，沿横竖两个方向梅花形设置，其间距宜取2~3m，并有防止堵塞的措施，确保排水通畅。挡土墙背排水口下方应设置隔水层，厚度不应小于300mm。

1.25.10　不宜绿化边坡的地区，站内外边坡宜采用混凝土预制块铺设，封闭处理。

1.26　泵房电缆敷设

1.26.1　室外电缆进入泵房时宜采用电缆桥架架空敷设进入，不宜设置电缆沟，避免雨水进入电缆沟或从地下开孔处渗入泵房内。

1.26.2　综合水泵房电缆支架采用侧墙式，距水泵房底部1.5m以上。

第 2 章　建　筑　部　分

2.1　一 般 设 计 原 则

2.1.1　全站建筑物色彩应统一协调，结合站区总平面布置全站除站前区综合楼、警卫传达室、车库及消防人员值班楼、综合水泵房等建筑物外，其余生产区建筑物外墙宜铺设压型钢板。在满足运行要求的条件下应满足对环境、噪声、节能及朝向、景观方面的要求。

2.1.2　站内建筑物外墙防火保温隔热材料，应满足国家现行国家标准、行业标准等规定的防火、节能、环保等性能要求。

2.1.3　全站建筑物设置屋面检修梯，根据运行需要设置阀厅屋面巡视通道。依据《建筑金属围护系统工程技术标准》（JGJ/T 473—2019）表 5.2.2 规定，金属屋面必须设置防坠落设施。

2.1.4　依据《建筑门窗防沙尘性能分级及检测方法》（GB/T 29737—2013）规定：强沙尘暴天气频发地区（如新疆、内蒙古、甘肃、陕西等），宜选用防沙性能 4 级，防尘性能 6 级以上门窗；沙尘暴天气频发地区（如河北、山西、北京等），宜选用防沙性能 3 级，防尘性能 5 级以上门窗；浮尘、扬尘偶发地区（如四川、湖北、湖南等），宜选用防沙性能 2 级，防尘性能 3 级以上门窗。

2.1.5　站内建筑物除阀厅、GIS 室等轻型钢结构屋面采用坡屋面外，其他建筑物若屋面上布置有空调等其他设备，宜采用平顶屋面。如无特殊要求的建筑物屋面，根据建筑风格及造型需要选择采用坡屋面或平屋面。

2.1.6　主控制楼、辅控制楼应分别设置一部不少于 1.6t 的客货两用电梯，三层及三层以上的综合楼宜设置电梯。电梯层门的耐火完整性不应低于 2.00h。

2.1.7　综合楼、警卫传达室等建筑宜采用轻钢玻璃雨篷，压型钢板外立面的建筑宜为压型钢板雨篷，站前区干挂外墙板的建筑宜采用混凝土雨篷。雨篷的造型应轻巧、美观、协调一致。

2.1.8　建筑物勒脚处绝热层的铺设应满足《建筑地面工程施工质量验收规范》（GB 50209—2010）的 4.12.7 条规定。

2.1.9　所有建筑物的一层平面布置图中应标示指北针。

2.1.10　在强风地区，建筑物大门均应考虑防风措施。

2.1.11　GIS 室、备品备件库、阀厅、户内直流场等建筑物，在施工期间应对有重型车辆通过的大门地面采取防碾压保护措施。

2.1.12 有通行车辆要求的建筑室外坡道应满足重型车辆碾压要求，供阀检修升降车出入坡道的坡度不宜大于1∶12，其他坡道的坡度不宜大于1∶8。

2.1.13 控制楼、继电器小室等有屏蔽要求的建筑物，应采取镀锌焊接钢丝网六面体电磁屏蔽措施。

2.1.14 建筑物主体结构与阳台栏板之间的拉结筋必须预埋。

2.1.15 设计应统一建筑风格及装修标准，综合楼、车库、主控制楼、辅控制楼、阀厅、GIS室、继电器室、阀外冷设备间等建筑物门厅入口处台阶、坡道、楼梯及其扶手、踢脚线、地面砖颜色、规格、吊顶、门窗形式、墙体轴流风机样式等皆统一设计风格。

2.1.16 应用模数协调技术：建筑、结构、暖通等专业设计应采用模数协调技术，实现尺寸配合。站内控制楼等生产性建筑物及综合楼、车库、警卫传达室等辅助生产性建筑物的建筑、结构、设备及电气设计，均应采用建筑模数协调技术，保证建筑部件的尺寸及其安装位置的模数协调，全面实现建筑部件与功能空间之间的尺寸配合，以便于装饰装修阶段施工单位对墙砖、地砖的铺贴排版满足《国家电网有限公司输变电工程标准工艺》和质量通病防治措施要求，从而提高施工质量和效率，降低工程造价。建筑模数协调应符合《建筑模式协调标准》（GB/T 50002—2013）有关条文要求。

2.1.17 建筑模数应着重考虑贴砖外墙门窗洞口尺寸及其之间尺寸与外墙砖、与轴流风机外边框合模数，包括综合楼、车库以及GIS室勒脚砖。

2.1.18 南方多雨地区建筑物宜采用结构找坡。

2.1.19 南方多雨地区建筑物地坪应设有防潮措施。

2.1.20 建筑、结构、电气及暖通等图纸的预留孔洞与预埋件位置、标高应相互衔接。

2.1.21 设计图纸中应落实电力建设工程质量监督总站颁发《电力建设房屋工程质量通病防治工作规定》的相关内容。

2.2 基 本 风 压

2.2.1 基本风压应按照《±800kV直流换流站设计规范（2022版）》（GB/T 50789—2012）第8.3.3条规定：阀厅、户内直流场、控制楼应按100年一遇标准取值，其余建筑物、构筑物应按50年一遇标准取值，但不得小于0.3kN/m²。

2.2.2 基本风压取值由设计根据工程所在地及工程特殊要求最终确定。

2.3 防 火 设 计

2.3.1 管道井、烟道、通风道和垃圾管道应分别独立设置，不得使用同一管道系统，所采用的材料应满足现行国家标准关于防火的要求。

2.3.2　换流站内生产区域（办公室除外）的所有房间统一采用甲级（或乙级）防火门，钥匙管理系统按照两级配置原则：同一房间用一把钥匙，另配置设备间的万能钥匙。

2.3.3　可燃气体和甲、乙、丙类液体的管道严禁穿过防火墙。防火墙内不应设置排气道。

2.3.4　依据《建筑防火通用规范》（GB 55037—2022），防火墙任一侧的建筑结构或构件以及物体受火作用发生破坏或倒塌并作用到防火墙时，防火墙应仍能阻止火灾蔓延至防火墙的另一侧。防火墙应直接设置在建筑的基础或具有相应耐火性能的框架、梁等承重结构上，并应从楼地面基层隔断至结构梁、楼板或屋面板的底面。防火墙与建筑外墙、屋顶相交处，防火墙上的门、窗等开口，应采取防止火灾蔓延至防火墙另一侧的措施。

2.3.5　不同防火分区或防烟分区风管应设置防火阀。依据 GB 55037—2022 中 8.2.2 规定，除不适合设置排烟设施的场所、火灾发展缓慢的场所可不设置排烟设施外，工业与民用建筑的中庭、建筑高度大于 32m 的厂房或仓库内长度大于 20m 的疏散走道，其他厂房或仓库内长度大于 40m 的疏散走道，民用建筑内长度大于 20m 的疏散走道应采取排烟等烟气控制措施。

2.3.6　依据 GB 55037—2022 中 6.5.4 规定，消防控制室地面装修材料的燃烧性能不应低于 B1 级，顶棚和墙面内部装修材料的燃烧性能均应为 A 级。下列设备用房的顶棚、墙面和地面内部装修材料的燃烧性能均应为 A 级：

（1）消防水泵房、机械加压送风机房、排烟机房、固定灭火系统钢瓶间等消防设备间；

（2）配电室、油浸变压器室、发电机房、储油间；

（3）通风和空气调节机房。

2.3.7　有防火要求的钢柱若采用包裹防火板的防火方式，应提供防火试验检测报告。

2.3.8　应落实电缆沟防油火延燃措施。靠近充油设备（变压器等）附近 20m 范围内的电缆沟，应有防油火延燃措施，可采用砂浆抹面、卡槽式电缆沟盖板或在普通盖板上覆盖防火玻璃丝纤维布等措施，也可考虑设置封闭管沟。

2.3.9　全站钢结构建筑物，耐火极限大于 1.5h 的室内钢构件建议采用非膨胀型防火涂料，满足耐火极限要求；耐火极限小于等于 1.5h 的室内钢构件，喷涂膨胀型防火涂料。

2.3.10　防火涂料选用及其涂层厚度应符合《钢结构防火涂料》（GB 14907—2018）等相关规范的要求，建议优先选择符合耐火极限要求的膨胀型防火涂料。

2.3.11　耐火等级需满足《±800kV 直流换流站设计规范（2022 版）》（GB/T 50789—2012）中的有关要求。

2.3.12　建筑物间距满足防火规范要求《火力发电厂与变电站设计防火标准》（GB 50229—2019）中 11.1.5 的规定。

2.3.13　控制楼房间排烟风道宜设置在走廊内，排烟口宜设置在建筑物侧墙上，宜取消楼顶排烟机房。

2.3.14　电缆竖井宜采用防火、可拆卸型饰板封闭，装饰面板采用不锈钢材质。

2.3.15 通风及空调系统的风道及其附件、保温材料、消声材料及粘结剂均应采用不燃 a 级材料。

2.3.16 建筑防火设计应首先必须满足 GB 55037—2022，当与《建筑设计防火规范（2018 年版）》（GB 50016—2014）或 GB 50229—2019 矛盾时，应以 GB 55037—2022 为准。

2.4 保 温 设 计

2.4.1 外墙围护材料（如采用保温一体化板），应满足当地住建部门要求及消防验收规定。

2.4.2 建筑设计说明中应明确外墙保温一体化板、饰面砖等围护材料的材质特性（如拉拔强度等要求）。外墙保温一体化板不得单一采用砂浆粘贴固定，锚固件应现场抽样开展拉拔试验，同时应在图纸明确拉拔强度要求。

2.4.3 依据 GB 55037—2022 中 6.6.8 规定，外墙外保温系统与基层墙体、装饰层之间的空腔，应在每层楼板处采取防火分隔与封堵措施。

2.4.4 外墙外保温工程设计应符合现行行业标准《外墙外保温工程技术标准》（JGJ 144—2019）第 3.0.3 条至 3.0.6 条、3.0.8 条、5.1.2 条、5.1.3 条、5.1.5 条、5.2.8 条等的相关规定。

2.4.5 依据《建筑节能与可再生能源利用通用规范》（GB 55015—2021），公共建筑的围护结构热工性能、设置供暖空调系统的工业建筑围护结构热工性能应符合 GB 55015—2021 的相关规定，公共建筑平均节能率应为 72%。新建、扩建和改建建筑以及既有建筑节能改造均应进行建筑节能设计。建设项目可行性研究报告、建设方案和初步设计文件应包含建筑能耗、可再生能源利用及建筑碳排放分析报告。施工图设计文件应明确建筑节能措施及可再生能源利用系统运营管理的技术要求。当工程设计变更时，建筑节能性能不得降低。

2.4.6 空冷器保温棚的采暖及负荷应能满足极端天气阀冷停运工况下的保温要求。

2.4.7 建筑物勒脚处绝热层的铺设应符合《建筑地面工程施工质量验收规范》（GB 50209—2010）的规定：

（1）当地区冻土深度不大于 500mm 时，应采用外保温做法。

（2）当地区冻土深度大于 500mm 且不大于 1000mm 时，宜采用内保温做法。

（3）当地区冻土深度大于 1000mm 时，应采用内保温做法。

（4）当建筑物的基础有防水要求时，宜采用内保温做法。

（5）采用外保温做法的绝热层，宜在建筑物主体结构完成后再施工。

2.4.8 寒冷地区生活水、消防水管道应考虑保温措施。消防管沟应增加通风设施、增加保温材料及采取电伴热措施。

2.5 屋 面 设 计

2.5.1 屋面形式：综合楼、继电器室、主控制楼、辅控制楼等宜采用平屋面及保温、防水性能优良的倒置式构造；GIS 室、备品库、阀厅等宜采用坡屋面；备品库宜采用轻钢屋架坡屋面。其他建筑物若屋面上布置有空调等其他设备应采用平顶屋面。

2.5.2 屋面宜设计为结构找坡，且不应小于 3％。

2.5.3 柔性与刚性防水层复合使用时，应将柔性防水层放在刚性防水层下部，并应在两防水层间设置隔离层。柔性材料防水层的保护层宜采用撒布材料或浅色涂料。

2.5.4 膨胀珍珠岩类及其他块状、散状屋面保温层必须设置隔气层和排气系统。排气道应纵横交错、畅通，其间距应根据保温层厚度确定，最大不宜超过 3m；排气口应设置在不易被损坏和不易进水的位置。对于体积吸水率大于 2％的保温材料，不得设计为倒置式屋面。

2.5.5 全站建筑物设置屋面检修梯，根据运行需要设置阀厅屋面巡视通道。

2.5.6 上人屋面采用 150mm×150mm 防滑釉面砖，非上人屋面：刚性混凝土保护层表面收光，设置分隔缝。

2.5.7 GIS 室屋面参照阀厅屋面设置检修走廊。

2.5.8 备品库屋顶、综合水泵房屋面、主控制楼楼板、辅控制楼楼板应采用钢结构或压型钢板底模叠合板的结构形式。

2.5.9 执行《建筑与市政工程防水通用规范》(GB 55030—2022) 相关内容。

2.6 防 水 设 计

2.6.1 浴、厕和环氧自流平地面等其他有防水要求的建筑地面，必须设置防水隔离层。

2.6.2 处于地基土上的地面，应根据需要采取防潮，防基土冻胀、湿陷，防不均匀沉陷等措施。

2.6.3 浴、厕、室外楼梯和其他有防水要求的楼板周边除门洞外，向上做一道高度不小于 200mm 的混凝土翻边，与楼板一同浇筑，地面标高应比室内其他房间地面低 20～30mm。

2.6.4 室外楼梯、楼梯梁与框架端部交界处、卫生间需要做防水反梁的部分，充分考虑装饰地面对反梁高度的影响，建议在质量通病防治措施的基础上增加余量。

2.6.5 综合水池应设置防水隔离层。

2.6.6 综合水泵房与综合水池隔墙应设置防水措施，在南方应考虑防结露措施。

2.6.7 屋面防水做法，应设计节点详图，并应确保屋面防水的最小泛水高度不小于 250mm。

2.6.8 对于非金属屋面的控制楼、继电器小室等设有重要电气设备的建筑物及综合楼屋面应采用Ⅰ级防水，其余建筑物屋面应采用Ⅱ级防水。

2.6.9　对于金属屋面应依据《建筑金属围护系统工程技术标准》（JGJ/T 473—2019）中表5.3.2规定：有特殊防水要求的工业建筑等重要建筑物的屋面应满足一级防水等级要求，防水设计使用年限不应小于30年。

2.6.10　站内建筑物屋面建筑构造采用优质防水材料（如三元乙丙等优质材料）和科学的防水构造措施，其整体、抗渗、排水效果好。

2.6.11　混凝土屋面采用防渗抗裂混凝土，避免建筑屋面漏水等隐患发生。

2.6.12　卷材防水基层与突出屋面结构（女儿墙、立墙、屋顶设备基础、风道等）均做成圆弧，圆弧半径不小于100mm。

2.6.13　防水设计应符合GB 55030—2022的规定。

2.6.14　屋面天沟和封闭阳台外露顶板等处的工程防水等级，应与建筑屋面防水等级一致。

2.6.15　建筑外墙防水应根据工程所在地区的工程防水使用环境类别进行整体防水设计。建筑外墙门窗洞口、雨篷、阳台、女儿墙、室外挑板、变形缝、穿墙套管和预埋件等节点，应采取防水构造措施，并应根据工程防水等级设置墙面防水层。

2.6.16　墙面防水层做法应符合下列规定：

（1）防水等级为一级的框架填充或砌体结构外墙，应设置2道及以上防水层。防水等级为二级的框架填充或砌体结构外墙应设置1道及以上防水层。当采用2道防水时，应设置1道防水砂浆及1道防水涂料或其他防水材料。

（2）防水等级为一级的现浇混凝土外墙、装配式混凝土外墙板应设置1道及以上防水层。

（3）封闭式幕墙应达到一级防水要求。

2.6.17　室内墙面防水层不应少于1道。

2.6.18　有防水要求的楼地面应设排水坡，并应坡向地漏或排水设施，排水坡度不应小于1.0%。

2.6.19　用水空间与非用水空间楼地面交接处应有防止水流入非用水房间的措施。淋浴区墙面防水层翻起高度不应小于2000mm，且不低于淋浴喷淋口高度。盥洗池盆等用水处墙面防水层翻起高度不应小于1200mm。墙面其他部位泛水翻起高度不应小于250mm。

2.6.20　金属屋面系统构造选用应符合JGJ/T 473—2019表5.2.2规定。

2.7　色　彩　方　案

2.7.1　设计应统一出版设计色彩方案，全站建筑色彩设计应遵循简洁、明快、大方、协调、统一的原则，建议方案为：阀厅、GIS室、继电器室、空冷保温室等压型钢板围护建筑物外墙采用RAL6033，内墙采用RAL9010，屋面采用RAL7045，色带采用RAL7045。

2.7.2　设计应优化全站建筑物外墙压型钢板灰色色带宽度，继电器室等低建筑与阀厅等高建筑采用两种带宽规格。

2.7.3 屋面雨落管位置由设计准确定位,转角处雨落管宜布置在灰色色带上。

2.7.4 站前区建筑物(综合楼、综合水泵房、消防营房、警卫传达室等)外立面装饰应保持一致。

2.7.5 针对压型钢板外饰面建筑,应进行总体策划,建议采取加宽底部矮墙或增加牛腿等措施。

2.8 沉 降 观 测 点

2.8.1 高程基准点设置数量要求:站内基准点设置数量、位置、观测、复测等均应满足《工程测量标准》(GB 50026—2020)要求。高程基准点数不应少于 3 个,设置位置应满足沉降观测基准点之间相互通视要求。沉降观测点工艺做法符合创优要求,设置等级为 2 级。基准点应易于测量,采用相同材质、相同型式。

2.8.2 控制楼、阀厅、GIS 室、继电器室等以压型钢板作为外墙装饰的建筑物,应避免勒脚以上的压型钢板收边突出勒脚尺寸过大,从而造成勒脚上的沉降观测标设置困难,如沉降观测标外伸过长、无法安装保护盒等。

2.8.3 沉降观测标安装:采取在框架结构内先设置预埋件,模板拆除后焊接沉降观测标。

2.8.4 需设置沉降观测点的建(构)筑物:建(构)筑物在施工及使用期间沉降观测点的设置应符合根据《建筑地基基础设计规范》(GB 50007—2011)的规定,地基基础设计等级为甲级的建筑物;软弱地基上的设计等级为乙级建筑物;处理地基上的建筑物;加层、扩建建筑物;受邻近深基坑开挖施工影响或受场地地下水等环境因素变化影响建筑物;采用新型基础或新型结构的建筑物应在施工期间及使用期间进行沉降观测。

2.8.5 沉降观测点位置等应满足国家规范要求,安装必须牢固,应有效安装在主体钢结构或预埋在钢筋混凝土结构柱中,严禁安装设在砖墙上。

2.8.6 沉降观测点要及时埋设并按规范要求开展沉降观测工作,符合各施工阶段的观测要求。

2.8.7 防火墙沉降观测点应设置在防火墙端部,便于观测。

2.8.8 基准点保存保护要求:站内各基准点均统一增加保存保护措施,防止施工期间遭受碰撞、移位等影响。

2.8.9 应在图纸明确建筑物沉降观测点型式、长度、具体标高,全站尽量保持一致。

2.8.10 针对建(构)筑物与设备基础,应选择不同形式的沉降观测点样式(带保护盒的、设置防撞环的),避免影响观测。针对建(构)筑物与设备基础,应选择不同形式的沉降观测点样式(带保护盒的、设置防撞环的),避免影响观测,变形观测点的设置应符合《建筑变形测量规范》(JGJ 8—2016)的要求。

2.8.11 除常规建筑物外,设备构支架、挖填方边坡、挡土墙、围墙等应设变形观测点。

2.9 建筑物楼梯间

2.9.1 疏散楼梯间应采用自然采光楼梯间。

2.9.2 楼梯间平台尽量不做外凸的形状，以减少造型等带来的其他问题。

2.9.3 封闭楼梯间、防烟楼梯间及其前室内禁止穿过或设置可燃气体管道。敞开楼梯间内不应设置可燃气体管道。

2.9.4 除通向避难层错位的疏散楼梯外，建筑内的疏散楼梯间在各层的平面位置不应改变。

2.9.5 楼梯梯段改变方向时，扶手转向端处的平台最小宽度不应小于梯段宽度，并不得小于1.20m。

2.9.6 施工图应明确楼梯栏杆起步位置，同时明确转向平台楼梯栏杆位置。

2.10 楼梯栏杆及扶手

2.10.1 室外楼梯栏杆应采用不锈钢金属栏杆。

2.10.2 室内楼梯扶手高度不宜小于900mm。靠楼梯井一侧水平扶手长度超过500mm时，其高度不应小于1.05m。楼梯梯段改变方向时，扶手转向端处的平台最小宽度不应小于梯段宽度，并不得小于1.20m。

2.10.3 阳台、外廊、室内回廊、内天井、上人屋面及室外楼梯等临空处设置防护栏杆，并应符合下列规定：

（1）栏杆应以坚固、耐久的材料制作，并能承受荷载规范规定的水平荷载。临空高度在24m以下时，栏杆高度不应低于1.05m，临空高度在24m以上时，栏杆高度不应低于1.10m。

（2）栏杆距楼面或屋面100mm高度内不应留空，应设置挡板，挡板与主体结构整体施工。

（3）玻璃栏板的厚度应采用不小于12mm安全玻璃。

（4）室内外金属栏杆应设置可靠接地。

（5）楼梯、平台栏杆应留设预埋铁件。

2.10.4 楼梯平台上部、下部的净高（从最低处即平台梁底计算），以及梯段净高应满足有关规定。

2.10.5 楼梯平台扶手处的最小宽度不应小于梯段宽度。

2.10.6 梯段长度按踏步数定，最长不应超过18级，最少不应小于3级。

2.10.7 各类建筑的阳台、外廊、室内回廊、内天井、上人屋面及室外楼梯等临空处栏杆的高度应满足相关要求。

2.10.8 窗台低于0.80m时应设计防护措施。外窗窗台距楼、地面的净高低于0.90m时，应设计防护设施。

2.11　台阶及坡道

2.11.1　所有建筑室外台阶踏步统一采用板材踏步,且设置防滑要求。

2.11.2　建筑物室外台阶踏步宽度不宜小于 300mm,踏步高度不宜大于 150mm,并不宜小于 100mm。踏步应防滑。室内台阶踏步数不应小于 2 级。当高差不足 2 级时,应按坡道要求设置。建筑物室外台阶高度超过 700mm 且侧面临空时,应有防护措施。

2.11.3　坡道采用配置角钢的防滑混凝土磋浆坡道。

2.11.4　雨篷垂直投影面积应大于台阶面积。

2.12　散　水

2.12.1　散水应采用现浇混凝土散水或预制散水方案。

2.12.2　建筑物周围必须设置散水,散水坡度不得小于 5%,散水外缘略高于平整后的场地,散水宽度无组织排水时不得小于 1.5m,有组织排水时,散水应采用现浇混凝土浇筑,其下应设置 150mm 厚的灰土垫层或 300mm 厚的土垫层,并应超出散水和建筑物外墙基础底外缘 500mm。

2.12.3　散水与外墙交接处和散水的伸缩缝应用柔性防水材料填缝,沿散水外缘不宜设置雨水明沟。

2.12.4　设计应采取措施消除建筑物散水出现不均匀沉降。

2.12.5　当散水采用现浇混凝土方案时,应采用清水混凝土施工工艺,强度等级不应低于 C20,内掺抗裂纤维,散水混凝土面层厚度不小于 150mm,一次浇制成型,其基层回填土压实系数应满足设计要求,基层回填土内不得含有建筑垃圾或碎料。

2.12.6　散水应每隔 6~10m 设置伸缩缝,散水与外墙交接处应设缝,其缝宽和散水的伸缩缝缝宽均宜为 20mm,留缝宽窄整齐一致,分格缝应避开雨落管,以防雨水从分格缝内渗入基础。

2.12.7　应正确处理建筑物散水与建筑物勒脚砖、踏步、周边广场、道路、设备基础的关系;房屋转角处与外墙呈 45°角。

2.12.8　继电器小室、GIS 室、配电室等有入户电缆沟建筑物散水坡外沿标高宜与电缆沟盖板顶标高持平。

2.13　建筑物变形缝

2.13.1　GIS 室、备品库、阀厅、户内直流场等建筑的变形缝设置及封堵,应满足现行国家及行业标准要求。

2.13.2　GIS 室等长条形建筑的变形缝按双柱变形缝设置。穿越变形缝的结构构件应断开,管道应作柔性连接（设置补偿装置）。

2.13.3 换流变压器搬运轨道等超长结构混凝土结构基础等应设置后浇带，后浇带封闭时间不得少于 14 天，也可以通过增设沉降缝等来替代后浇带。

2.13.4 阀厅、GIS 室的压型钢板坡屋面檐沟、天沟应设置伸缩缝，其间距不得大于 30m。

2.13.5 建筑物室外坡道、台阶、散水、室内地坪与墙体之间应预留变形缝，缝内嵌柔性防水材料，图纸中应明确缝的宽度和填缝材料等要求。

2.13.6 建筑物长度大于 40m 时，应设置变形缝，当有其他可靠措施时，可在规定范围内适当放宽。

2.14 管 道 套 管

2.14.1 设计应在管道穿楼板上充分考虑建筑规范细节，管道穿楼板部位应提前埋置套管。

2.14.2 穿楼板套管应高出装饰面 2cm，根部与楼板齐平。

2.14.3 浴室、厕所、厨房等有水区域地面设置预埋套管时，套管高度应高出地面不小于 50mm，并做好柔性防水封堵。

2.15 建 筑 外 墙

2.15.1 综合楼、车库等站前区建筑物应采用外墙砖装饰方案，宜采用一体化保温砖或干挂工艺。

2.15.2 其他生产区主控制楼、辅控制楼、阀厅、GIS 室、备品库等宜采用压型钢板外墙方案。

2.16 建 筑 物 地 面

2.16.1 各建筑物建筑饰面地坪选择应符合相关规范要求。设计应提供建筑饰面地坪招标技术规范书，技术规范书中应明确技术参数及工艺要求，确保招标材料质量及施工工艺满足规范要求。

2.16.2 处于地基土上的地面，应根据需要采取防潮、防基土冻胀、湿陷，防不均匀沉陷等措施。除有特殊使用要求外，楼地面应满足平整、耐磨、不起尘、防滑、防污染、隔声、易于清洁等要求。

2.16.3 采用环氧自流平、水性聚氨酯等地面的基层应设置防水层。

2.17　油化室

2.17.1　油化室地面应坚实耐磨、防水防滑、不积尘，且具有防酸、碱腐蚀的性能。

2.17.2　配置排风和空调系统，排风和空调设备应为防爆、防腐型。

2.17.3　沿墙壁设置接地铜排或接地桩，用于油化设备工作接地，接地排或接地桩与站内主接地网连接。

2.17.4　设置冷、热水管和盥洗池，便于操作人员进行个人及器皿的清洁。

2.18　立　面　关　系

2.18.1　控制楼、阀厅外墙压型钢板收边与勒脚立面关系，应考虑屋面主雨落管直上直下安装、沉降观测标及其保护盒安装问题。

2.18.2　雨落管与轴流风机洞口、百叶窗、门窗、沉降观测点等不应冲突。

2.18.3　风机洞口、百叶窗及门窗洞口设置应提前策划排版。

2.18.4　雨落管固定卡箍应采用两点固定，应固定在檩条或预埋件上，严禁固定在压型钢板上。

2.18.5　全站建筑用雨落管材料及色彩应统一。雨落管宜优先采用圆形不锈钢材质。在北方寒冷及沙尘地区，设计应对雨落管提出选材、选型及引下设施等设计要求，同时应考虑冬季防止雨落管结冰的措施。对于多雨、急暴雨地区还应考虑管径、排水口的数量的设置。

2.19　建筑物门、窗

2.19.1　应明确门、窗抗风压、气密性和水密性三项性能指标。其性能等级划分应符合国家现行标准的要求。组合门窗拼樘料必须进行抗风压变形验算，拼樘料应左右或上下贯通并直接锚入洞口墙体上，拼樘料与门窗框之间的拼接应为插接，插接深度不小于10mm。

2.19.2　建筑物窗户应满足节能隔声要求，窗应采用断桥铝合金中空窗。断桥铝合金中空窗的中空玻璃气体间隔层的厚度不宜小于9mm。断桥铝合金门窗玻璃应满足《建筑玻璃应用技术规程》(JGJ 113—2015)的要求。窗户颜色应根据建筑所在区域建筑外墙颜色统一考虑。

2.19.3　对于控制楼窗户需考虑屏蔽要求，控制楼屏蔽窗户可采用断桥铝合金中空屏蔽窗。断桥铝合金中空屏蔽窗的室外侧玻璃采用镀膜玻璃，室内侧采用白玻璃，中空层设置屏蔽钢丝网。

2.19.4　断桥铝合金中空门窗（含断桥铝合金中空屏蔽门窗）型材的主要受力杆件壁厚应经过计算或试验确定。主型材截面主要受力部位基材最小实测壁厚，外门不应低于2mm，外窗不应低于1.4mm。

2.19.5 窗台低于0.8m时，应采取防护措施。

2.19.6 外门构造应开启方便，坚固耐用。

2.19.7 强风沙地区控制楼采用双层窗，外侧为外平开窗，内侧为内平开窗。

2.19.8 综合楼、控制楼等建筑物外门不应采用电动门、卷帘门或无框玻璃门。

2.19.9 手动开启的大门扇应有制动装置，推拉门应有防脱轨的措施；双面弹簧门应在可视高度部分装透明的安全玻璃。

2.19.10 旋转门、电动门、卷帘门的邻近应另设平开疏散门，或在门上设疏散门。

2.19.11 门窗应设计成以3m为基本模数的标准洞口，尽量减少门窗尺寸，一般房间外窗宽度不宜超过1.50m，高度不宜超过1.50m。当单块玻璃面积大于1.5m²时，应采用不小于5mm厚度的安全玻璃。

2.19.12 疏散走道在防火分区处应设置常开甲级防火门。

2.19.13 通风、空气调节机房和变配电室开向建筑内的门应采用甲级防火门，消防控制室和其他设备房开向建筑内的门应采用乙级防火门。

2.19.14 金属门窗应有可靠明显接地，设计应明确接地要求和具体做法。

2.19.15 继电器小室不宜设置窗户。

2.19.16 GIS室山墙设观察窗，继电器室不设窗，备品库设采光窗，检修备品库只设置窗户，不宜设置风机、百叶等，窗户设置为连排整窗，高度比例需协调。

2.19.17 建筑图中门窗洞口尺寸、标高与结构图中的构件应无冲突。

2.19.18 应明确内、外窗台的高差。

2.19.19 备品库、GIS室大门采用电动卷帘门＋平开门。

2.19.20 主控室靠近换流变压器侧窗户应设置防爆措施。阀厅靠控制楼侧需设置防火观察窗。

2.19.21 综合楼、主控制楼靠近换流变压器侧、滤波器场侧宜设置双层窗户降噪措施。

2.19.22 综合楼、主控制楼、辅控制楼的窗在满足功能的要求下，需考虑外立面整体整洁、对称的要求。

2.20 建筑物墙面防开裂

2.20.1 为防止建筑内、外墙粉刷层开裂，应采用聚合物抗裂砂浆压入耐碱玻纤网格布作为内墙粉刷层。

2.20.2 建筑物层高超过4m时，砌体工程中部增设厚度为120mm与墙体同宽的混凝土腰梁，腰梁间距不应大于4m。砌体无约束的端部必须增设构造柱。

2.20.3 在两种不同基体交接处，应采用钢丝网抹灰或耐碱玻纤网布聚合物砂浆加强带进行处理，加强带与各基体的搭接宽度不应小于 150mm。顶层粉刷砂浆中宜掺入抗裂纤维。

2.20.4　灰砂砖、粉煤灰砖、蒸压加气混凝土块宜采用保水性强的砂浆砌筑。

2.20.5　蒸压加气混凝土块应保证足够的出釜时间，宜采用专用砂浆砌筑。

2.20.6　女儿墙不应采用轻质墙体材料砌筑。采用砌体结构时，应设置间距不大于 3m 的构造柱和厚度不小于 120mm 的混凝土压顶。

2.20.7　设计图纸中应明确严禁在墙体上埋设交叉管道和开凿水平槽。竖向槽须在砂浆强度达到设计要求后，用机械开凿，且在粉刷前加贴满足抗震要求的镀锌钢丝网片等材料。

2.21　吊　顶

2.21.1　吊顶方案：走廊、办公室、设备室吊顶采用铝扣板吊顶，会议室、接待室、门厅宜采用石膏板吊顶。

2.21.2　吊顶设置部位：综合楼、主控制楼、辅控制楼等室内顶棚布置有四面出风空调室内机、双向气流型天花嵌入式室内空调机、风机、风口、消防探头、视频监控探头的房间，以及卫生间、走廊等建筑物房间应设置吊顶。

2.21.3　设计应优化吊顶设施位置。对建筑物室内吊顶平面图上嵌入式荧光灯、防水吸顶灯等各类灯具，以及四面出风的空调室内机、双向气流型天花嵌入式室内空调机、风机、风口、消防探头、视频监控探头、吸气式感烟火灾探测器的空气采样管等位置进行优化。优化原则是吊顶上各类设施分布应结合房间门窗洞口及房间轴线位置进行对称、成行成列布置；同时吊顶平面上的各类设施分布应避开吊顶下方的蓄电池、屏柜、母线等电力设施，避开距离满足相关规范要求，如《建筑电气照明装置施工与验收规范》（GB 50617—2010）4.1.5 条要求：灯具与裸母线的水平净距不应小于 1m。

2.21.4　吊顶平面上各类灯具、空调机、风机、风口设施规格尺寸应与吊顶板材规格尺寸应符合模数。

2.21.5　屋面现浇板下吊灯、吊顶等器具的安装固定，设计应在楼板底面设置预埋铁件，禁止吊顶采用开孔、打洞或膨胀螺栓方式连接。

2.22　雨　篷

2.22.1　雨篷顶部排水采用有组织排水方案。

2.22.2　雨篷顶部按不上人屋面进行防水处理。

2.22.3　站内所有雨篷雨落管出雨篷方式应一致。

2.22.4　备品库、阀厅、GIS 室等高雨篷灯，宜按壁灯设计，取消雨篷吸顶灯。

2.22.5　寒冷地区雨落管应采用圆形不锈钢管，并采取融冰措施。

2.22.6 蓄电池室风管（风机）排风口上口离顶棚不得大于100mm。

2.23 综 合 布 线

2.23.1 综合布线原则：①会议室、休息室、食堂、门卫室应敷设有线电视、电话。控制室、办公室、会议室、休息室应按照国家电网有限公司内、外网分开的要求配置网络接口。②站内电源线、二次接线、网线等布线应符合相关规程规范要求，配置合理充足，走线独立铺设，不得交叉。

2.23.2 通信电缆必须采用屏蔽防护措施，各段的屏蔽层必须保持连通并可靠接地。

2.24 建 筑 电 气

2.24.1 蓄电池室、油罐室、油处理室等防火、防爆重点场所的照明、通风设备应采用防爆型。

2.24.2 蓄电池室电源开关应装在门外。若装设于蓄电池室内，要求采用防爆开关。

2.24.3 站用电室应安装防爆空调，干式变压器应安装排风扇。

2.24.4 SF_6 设备间（GIS室、SF_6 开关室等）排风系统的开关应安装在室外。

2.24.5 楼梯、大型设备间的照明应配置串联单刀双掷开关，前后门及楼梯各层均能控制。

2.24.6 车库电源应满足作业车辆充电要求，应分别配置63A和40A插座。

2.24.7 蓄电池室风管（风机）排风口上口离顶棚不得大于100mm。

2.24.8 空调出风口不得位于屏柜上方。

2.24.9 防火、防爆重点场所的防火门不得设置排气、通风口。墙体设置排气、通风设施时，不应与防火门设置在同一侧。

2.24.10 蓄电池室电源开关应装在门外，若装设于蓄电池室内，要求采用防爆开关。蓄电池室、空调、风机、电暖器应选用防爆型，干式变压器室应设置通风系统。

2.25 建 筑 暖 通

2.25.1 所有建筑物通风口应设置防虫防尘措施。

2.25.2 所有建筑物通风百叶应通过排版策划，确保其符合创优要求。

2.25.3 空冷器保温棚的采暖及负荷，应能满足极端天气阀冷停运工况下的保温要求。

2.25.4 主控制楼通信机房、站公用室等服务器发热量大的房间，应单独考虑通风措施，保证寒冷季节空调无法制冷时的室温不超标。

2.25.5 继电器室、配电室、蓄电池室的排风口、进风口应避免布置在有积沙的地方，应选用带有防尘网的双层电动百叶窗，电动双层百叶窗应为常闭。

2.25.6　双层电动百叶窗和轴流风机联动，当轴流风机开启时进风和排风处的双层电动百叶窗联动开启，当轴流风机关闭时该电动百叶窗联动关闭。

2.25.7　对空气质量要求较高的房间或规范有要求的房间应设置排风扇，排风扇应对滤网规格提出要求。建筑物墙上的百叶窗应有防雨、防虫、防尘措施。百叶窗和排风扇应考虑接地措施。

2.26　建　筑　水　工

2.26.1　内水冷室、外冷室及空调室外机旁，应配置检修用水龙头。

2.26.2　所有的爬梯应设置防攀爬门。

2.26.3　下水设施应安装 P 形弯或 S 形弯。

2.27　建　筑　物　装　修

2.27.1　生产区域所有房门外观、样式应一致；配电箱外观、样式应一致。

2.27.2　钥匙采用两级配置原则：一级为万能钥匙，能够打开所有生产区域房间；二级钥匙为单个房间的独立钥匙。

2.27.3　墙体内的埋管密集区域，宜采用混凝土浇筑。

2.27.4　压型钢板建筑的建筑物雨落口应与压型钢板厂家安装的雨落管材质及颜色统一。

2.28　设　备　基　础

2.28.1　外露基础宜采用倒圆角方案。

2.28.2　GIS 支架固定宜采用化学锚栓。

2.28.3　寒冷地区构支架柱与基础连接应采用地脚螺栓连接方式，少用杯口插入式连接方式，避免二次浇筑。

2.28.4　混凝土保护帽采用清水混凝土施工工艺。型式统一为六角形或圆锥形，尺寸统一为宽出构支架接地扁铁 100mm，若场地放坡，保护帽高度和外形尺寸应随地面标高做相应调整，做到高度一致。

2.29　爬　　梯

2.29.1　综合楼、车库、备品库、GIS 室、主控制楼、阀厅、空冷棚等建筑物，应设置上屋面钢爬梯。爬梯应设置在主道路背侧。

2.29.2 爬梯底端设置左右开合"禁止攀爬，高压危险"安全警示标识牌，统一编号、上锁，不锈钢材质，不锈钢本色为底色，红字。

2.29.3 地下设施内的爬梯宜采用高强度复合材料代替金属材料，防止潮湿环境对金属材料的锈蚀。

2.29.4 构架爬梯及室内外所有钢爬梯均应设接地槽钢，便于接地，爬梯应可靠接地。

2.29.5 爬梯整个攀登高度上所有的踏棍相互平行且水平设置，垂直间距应相等，相邻踏棍垂直间距统一为（250±5.0）mm，爬梯下端第一级踏棍距基准面距离统一为距离场平地面450mm。

2.29.6 钢爬梯梯段圆形踏棍直径不应小于20mm。

2.29.7 室外爬梯踏棍应采取附加的防滑措施。

2.29.8 爬梯应固定在承重结构上，严禁通过自攻螺钉固定在檩条上，爬梯应进行热浸镀锌。

2.29.9 钢梯踏棍供踩踏表面的内侧净宽度应为400～600mm，攀登高度在5m以下时，钢梯内侧净宽度可小于400m，但不应小于300mm。

2.30 安全护笼

2.30.1 全站直爬梯梯段高度大于3m时应设置安全护笼，安全护笼底部距离梯段下端基准面距离为2200mm。安全护笼采用圆形结构，应包括1组水平笼箍和至少5根立杆，安全护笼的水平笼箍垂直间距不应大于1500mm、立杆间距不应大于300mm，均匀分布。

2.30.2 水平笼箍采用不小于50mm×6mm的扁钢，立杆采用不小于40mm×5mm的扁钢。

2.30.3 安全护笼内侧深度由踏棍中心线起不应小于650mm、不大于800mm，安全护笼内侧应无任何突出物。

2.30.4 安全护笼应可靠接地。

第3章 结 构 部 分

3.1 设 计 使 用 年 限

3.1.1 《建设工程质量管理条例》第二十一条中规定，设计文件要"应当符合国家规定的设计深度要求，注明工程合理使用年限"。《工程结构通用规范》（GB 55001—2021）2.2.2 条规定："结构设计时，应根据工程的使用功能、建造和使用维护成本及环境影响等因素规定设计工作年限。"换流站内各建筑物的建筑施工图上注明的设计工作年限应与其相应的结构施工图上注明的设计工作年限值保持一致。

3.1.2 站区建筑物的主体结构使用寿命按 50 年设计。

3.2 建筑物结构设计一般规定

3.2.1 设计应按《建筑工程抗震设防分类标准》（GB 50223—2008）确定其抗震设防类别及其抗震设防标准。

3.2.2 抗震设防烈度为 6 度及以上地区的建筑，必须进行抗震设计。

3.2.3 抗震构造措施应正确、具体。有抗震要求的建筑，其抗震节点的设计应具体明确。

3.2.4 钢结构的安装位置、标高及连接方式与混凝土结构图应统一。

3.2.5 混凝土结构耐久性设计应满足《混凝土结构耐久性设计标准》（GB/T 50476—2019）的相关要求。

3.2.6 结构布置、外形尺寸与建筑图应一致，孔洞、埋件应满足相关专业要求。

3.2.7 建筑平面宜规则，避免平面形状突变。当平面有凹口时，凹口周边楼板的配筋应适当加强。

3.2.8 钢筋混凝土现浇楼板的设计厚度一般不应小于 120mm，其中浴室、厕所、阳台板设计厚度不得小于 90mm。

3.2.9 屋面及建筑物两端单元的现浇板应设置双层双向钢筋，钢筋间距不应大于 100mm，直径不宜小于 8mm。

3.2.10 在现浇板角急剧变化处、开洞削弱处等易引起收缩应力集中处，钢筋间距不应大于100mm，直径不应小于8mm，并应在板的上部纵横两个方向布置温度钢筋。

3.2.11 混凝土小型空心砌块、蒸压加气混凝土砌块等轻质隔墙，应增设间距不大于3m的构造柱，每层墙高的中部应增设高度为120mm与墙体同宽的混凝土腰梁。

3.2.12 直流场平波电抗器基础宜采用环形混凝土。

3.2.13 楼板内的埋管直径不应大于楼板厚度的1/3。

3.3 结构体系选型方案

3.3.1 综合水泵房、GIS室、检修备品库、车库、制氧间、专用品库、备用平抗室、站外深井泵房、继电器室、10kV小室建议采用混凝土装配式结构或钢结构。寒冷地区750kV GIS室建议采用"钢结构＋双层压型钢板围护"结构型式。

3.3.2 备品库屋顶、综合水泵房屋面、主控制楼、辅控制楼楼板，应采用钢结构或压型钢板底模叠合板的结构形式。

3.3.3 阀厅应采用纯钢结构或钢—钢筋混凝土混合结构。阀厅中间隔墙填充应优先采用装配式墙板填充。

3.3.4 阀厅防火墙应优先采用现浇钢筋混凝土抗震墙结构。

3.3.5 主、辅控制楼结构采用钢结构或钢筋混凝土框架结构。

3.3.6 消防小室应采用预制成品房屋，参照消火栓布置就近设置，下设250mm高混凝土基础，基础尺寸稍大于消防箱尺寸，只露出25mm倒角。

3.3.7 在符合抗震要求前提下，阀厅钢柱柱脚优先采用预埋螺栓。

3.4 钢 结 构

3.4.1 钢结构柱距：根据《厂房建筑模数协调标准》（GB/T 50006—2010）的相关要求，优化钢柱柱距，设计应统一钢柱、柱间支撑、系杆等构配件的类型及规格。

3.4.2 柱间支撑：柱间支撑应采用屈曲约束支撑（BRB），充分发挥柱间支撑作用同时通过支撑改善整个钢结构体系抗震性能，减小钢柱、钢梁及下部基础截面积，节省工程造价。

3.4.3 钢结构节点连接方式：钢结构节点连接方式设计应以减少现场焊接工作量、方便施工安装为原则，阀厅、户内直流场、GIS室、备品备件库、空冷棚等建筑钢结构节点连接方式应采用螺栓连接，尽量减少焊接。同时，钢结构节点螺栓连接方式也应考虑施工困难问题，如由于钢构件制作环境温度与现场安装环境温度差而导致的构件热胀冷缩产生的现场钢构件组装、安装等。

3.5　建 筑 物 基 础

3.5.1　当采用桩基时，0m 地梁宜与承台拉梁合并设计，承台上部杯口与承台板间应有可靠拉接，避免其连接面混凝土受拉。承台底面钢筋的混凝土保护层厚度不应小于桩头嵌入承台内的长度。

3.5.2　为消除基础因沉降或地基土冻胀受力导致上部结构门窗开启困难，或建筑物墙体开裂等问题，基础梁底下或桩基承台下应预留适应沉降的空隙，空隙大小可取 100～200mm，空隙中填充松软保温材料。

3.6　地 下 水 工 构 筑 物

3.6.1　施工图中应明确结构安全等级、地基基础设计等级、抗震等级等。

3.6.2　结构体系布置应合理。

3.6.3　基本风压、地震烈度、地基承载力特征值等原始设计输入应正确。

3.6.4　作用及作用组合应正确、完整。

3.6.5　结构变形控制应满足相关规范要求。

3.6.6　水池裂缝控制应满足相关规范要求。

3.6.7　水池侧壁预埋套管应满足工艺要求，设计应对套管与管路间空隙填充及封堵措施做重点说明。

3.7　钢　　筋

3.7.1　建筑物主次梁相交处，不应同时设置附加箍筋和附加吊筋，应优先选用附加箍筋。

3.7.2　板受力钢筋、小于 12mm 的分布筋和梁柱箍筋宜用钢筋 HPB300。

3.7.3　钢筋材质：钢筋混凝土结构纵向受力普通钢筋不低于 HRB400E、HRB500E 钢筋，箍筋采用 HPB300 钢筋。

3.7.4　钢筋连接方式宜采用直螺纹套筒连接，并明确接头性能等级，满足《钢筋机械连接技术规程》（JGJ 107—2016）要求。

3.8　行 吊 及 电 动 葫 芦

3.8.1　GIS 室应根据电压等级选用 2 台行吊（10t、20t），如 GIS 室长度超过 300m 时，可设置 4 台行吊。

3.8.2 备品库应设置20t行吊。

3.8.3 综合水泵房应设置5t电动葫芦。

3.8.4 阀冷设备间应设置5t电动葫芦。

3.9 事故油池

3.9.1 事故油池平、剖面图中应标出油池的坐标、方位、尺寸、管道的布置、管径和标高，并简要说明事故排油管道安装及防腐方法。

3.9.2 设计应尽量减小事故油池深度，降低施工风险。

3.10 换流变压器油坑

3.10.1 换流变压器的防火墙轮廓尺寸应完全包络换流变压器带油部分的外轮廓在防火墙侧的投影尺寸，其中长度方向应超出换流变压器的集油坑内壁外，且不小于1m。

3.10.2 室外充油电气设备单台油量在1000kg以上时，应设置储油或挡油设施。储油和挡油设施应大于设备外廓每边各1000mm。储油设施内应铺设卵石层，其厚度不应小于250mm，卵石直径宜为50～80mm。

3.10.3 换流变压器油坑内设置上下双层钢格栅，下层钢格栅架空以放置鹅卵石，鹅卵石厚度不小于250mm，直径50～80mm，上层钢格栅用于巡视检修。卵石层下应有足够空间容纳设备20%的油量。油坑设计应相应增大油水混合物排放能力，防止其外溢。

3.10.4 变压器油坑上层钢格栅采用钢立柱支撑，下层钢格栅采用混凝土短柱支撑。钢立柱与混凝土短柱采用地脚螺栓连接。

3.10.5 换流变压器油坑内布置电缆沟时，沟盖板应采取措施防止油水进入电缆沟。

3.11 混凝土底板

3.11.1 地下工程混凝土结构细部构造防水应按照《地下工程防水技术规范》（GB 50108—2008）第5.1.3条变形缝处混凝土结构的厚度不应小于300mm的强条规定执行。

3.11.2 地下工程混凝土结构变形缝应满足密封防水、适应变形、施工方便、检修容易等要求。

第4章 水 工 部 分

4.1 技 术 规 范 书

4.1.1 设计应商运行单位对水工专业设备技术规范书的编写、水工设备招标要求等进行确认。

4.1.2 水工部分的安装图纸和配件宜引用标准图集设计，如标准图集上的做法不能满足视觉和工程创优要求，应征求建设、运行等单位意见。

4.1.3 消防管网应按相关规范设置抗震支架。

4.1.4 消防管网应布置在消防管沟内。

4.1.5 消防管沟应设置排水措施。消防管沟净空不应小于1.4m，满足检修通行条件。

4.1.6 消防管网的膨胀伸缩节建议采用不锈钢金属伸缩节。

4.2 给 水 一 般 设 计 原 则

4.2.1 图纸内容包括站区室外给水管道安装图、室内各层给排水管道平面图、室内给排水管道系统图、屋顶水箱安装图等。

4.2.2 计算内容包括室外用水量计算、室外给水管网水力计算、室内设计流量及管道水力计算、水箱容积及设置高度计算等。

4.2.3 计算深度应符合下列规定：室外用水量计算，包括生活、消防、生产用水量计算；室外给水管网水力计算，根据用水量，通过水力计算得出管径，求出沿程和局部水头损失及静扬程后，推算出供水设备的扬程。

4.2.4 校核深井的静水位、最低动水位值，深井泵流量不得大于允许开采量。

4.2.5 校核总水头损失，确定管道试验压力，校核管材防腐做法。

4.2.6 给水管道不宜设置在混凝土基础下或硬化地面下方，给水管道应考虑采取保护措施，方便日常检修维护。

4.2.7 主水源管与备用水源管在连接处应加装检修与切换用的阀门。

4.2.8 生活水池、工业水池与消防水池宜分开设置。

4.2.9 在运行人员工作站上应能实时监视工业水池水位及流量。

4.2.10 站内应设计生活用水净化处理装置。

4.2.11 在生产消防水池的池壁上应安装磁翻板液位计，便于运行人员就地直接观测水池水位。

4.2.12 在生产消防水池应安装液位传感器，实现就地控制屏显示和远传功能。

4.2.13 应详细说明各给水管道采用的管材、管道及阀门所采用的公称压力，而不应通过材料表来判断。

4.2.14 设计图中应增加PP-R给水管道采用的管系的说明，并加公称直径DN与相应产品规格对照表。

4.2.15 换流站应有两路独立可靠水源，应优先考虑自来水供水方案。若仅有一路水源，蓄水池的容积应能充分满足给水系统的维修时间，站外取水系统应能根据蓄水池水量自动启停水泵。换流站内工业水池容量应满足3天最大用水量。

4.2.16 生活及消防给水管道均采用地下综合管沟内敷设方式，管沟顶覆土应满足管沟内管道在极端低温下不受冻为原则。

4.2.17 对于给排水，水泵房、雨淋阀室等通水管道间，设置低温报警接至主控室。

4.3 排水一般设计原则

4.3.1 图纸内容包括站区室外排水管道安装图、污水处理工艺流程及布置图、事故油池管道安装图、雨水泵站安装图、站外排水管道安装图等。

4.3.2 计算内容包括室外排水量计算、排水管网水力计算、调节池容积及污水处理设施（备）计算、事故油池容积计算、雨水泵选型计算、雨水泵房（站）容积计算等。根据站区雨水设计流量确定雨水泵流量，应根据选定的最大一台雨水泵流量参数确定雨水泵房（站）的集水池容积。

4.3.3 根据排水点最高水位确定雨水泵扬程。若站区雨污水合流的，则要考虑污水排水量。

4.3.4 避免建筑物开门处入户小道与雨水口、阀门井等冲突。

4.3.5 雨水井、检查井严禁设置在道路上、巡视小道上、散水及坡道上且不宜设置在轨道广场上。如必须设置在轨道广场上，必须采用承重型。

4.3.6 雨水口应设置止口收边。

4.3.7 城市型道路的雨水井口应设置在道路外靠场地侧，不应设置在道路边缘，特别是不应设置在道路转弯处。

4.3.8 站区雨水通过雨水口收集自流至雨水泵站前池，经雨水泵升压后，有条件的应抽送至雨水泵站后池，再通过管道自流排至站外河道或沟渠。

4.3.9　地下水水位较高的换流站，室内电缆沟应考虑排水措施。

4.3.10　蓄水池的容积应充分考虑水源及管道系统的检修时间。站外取水系统应能根据蓄水池水量自动启停水泵。水泵故障时，应有报警信号送至运行人员工作站。

4.3.11　设计应考虑在生产消防水池的池壁上安装磁翻板液位计，便于运行人员就地直接观测水池水位，同时在生产消防水池安装液位传感器，实现就地控制屏显示和远传功能。

4.3.12　生活水池与生产水池（消防水池）宜分开设置。在运行人员工作站上应能实时监视生产水池水位。站内应根据水质情况设计生活用水净化处理装置。

4.3.13　合理布置水泵控制柜。

4.3.14　沉降敏感设备基础附近雨落管道应加强设计（现浇管沟），基础附近雨水有组织排水远排，雨水泵池应设置水位报警接至主控室。

4.4　水　泵　设　备

4.4.1　泵站（包括污水处理及雨水提升泵站）设备应设置设备基础，不应直接坐落在楼板上。

4.4.2　水泵底部应设置橡胶减振支座。

4.5　管　道　敷　设

4.5.1　站内埋地生活及消防给水管道接口应严密不漏水，并采取可靠设计措施。

4.5.2　站内埋地生活及消防给水管道管底垫层及管侧、管顶回填土压实度要求应在施工图纸中明确给出。

4.5.3　穿越建（构）筑物基础或外墙的管道或沟道应预留套管，管道与套管净空用柔性防水材料封堵，以防止建筑物沉降损坏管道。

4.5.4　换流站内工业水管、消防水管及生活主水管道布置设计，需考虑检修与维护方便。

4.5.5　换流站内水冷主循环泵宜采用软启动器。

4.5.6　填方区区域地下给排水管道应考虑防渗漏、沉降措施，填方区临近边坡位置原则上不得设置消防水池、污水池、蒸发水池等构筑物，否则应按建筑物考虑增设单独桩基础。

4.5.7　排水管道与重要设备基础（GIS及分支母线基础、平波电抗器、变压器、站用变压器等）距离应确保满足《室外排水设计标准》（GB 50014—2021）规范规定。

4.6　站外深井安装图

4.6.1　校核深井的静水位、最低动水位值。

4.6.2　深井泵流量不得大于允许开采量。

4.6.3　校核泵房零米标高，应高于工程所在地百年一遇洪水位。

4.7　材　质　选　择

4.7.1　生产、消防、降温及冲洗、水源补充给水管宜采用内外热镀锌无缝钢管。

4.7.2　事故排油管宜采用内外热镀锌焊接钢管。

4.7.3　生活给水、废水绿化管宜采用外包塑内衬塑复合钢管或新型给水管。

4.7.4　DN300及以上雨水排水管道不宜采用非金属波纹管，宜采用承插式钢筋混凝土管道。

4.7.5　道路排水检查井盖应采用重型铸铁井盖及支座，非道路可以采用轻型铸铁井盖及盖座。

4.7.6　$\phi300$mm及以上的排水管采用承插式钢筋混凝土排水管，$\phi300$mm以下的排水管采用内外镀锌钢管；湿陷性黄土地区要求做180°水泥基础包裹。

4.7.7　雨水检查井、消防检查井、排油检查井、阀门井：室外场地雨水井、阀门井等要求采用钢筋混凝土现浇或一体式成品检查井，不应采用砌筑工艺。雨水口建议采用成品雨水口，采取防止垃圾进入的措施，并设置沉泥槽。

4.8　站区室外给排水管道安装

4.8.1　平面图中应绘制全部给水管网及水工建（构）筑物，并标注指北针、比例。

4.8.2　给水管道及排水管道图纸中应标明管道的位置和管径、埋设深度、定位坐标或敷设的标高，标注管道长度，与室外管道接口处的标高与管径，排水管道还应标明管道的坡度。纵断面图或管道高程表中标明排水管道的检查井或其他排水构筑物编号、间距，并绘制阀门井、消火栓、洒水栓等定位、编号。

4.8.3　给水管道说明中应包括管材及接口、管道基础、给水管道试验压力、阀门所采用的公称压力，室内±0.000m相对绝对标高值，管道防腐方法及敷设要求，图例符号说明，应给出PP-R给水管道采用的管系的说明，管道安装与施工应遵守的规范等。

4.8.4　设计图中应给出公称直径DN与相应产品规格对照表。

4.8.5　设计应标明小型给水设施及构筑物（阀门井、消火栓、洒水栓、检查井、雨水口、跌水井、化粪池、隔油池等）的具体做法。

4.9　室　外　排　水　管　道

4.9.1　支管明细表将各建筑物排水出户管、电缆沟排出管、各含油设备的排油支管的管径、长度、坡度、设计管底标高等绘制成表格；如在纵断面图中已表示排水支管，可不出明细表。

4.9.2　按照《04S516混凝土排水管道基础及接口》的有关规定，根据管道具体的规格及埋深采用合理规格的砂石基础。

4.10　室内给排水管道系统图

4.10.1　排水管道设计应以建筑物为单位，标出每一根给、排水立管和支管、进出室内给、排水管道和立管的编号和穿越外墙轴线的编号。

4.10.2　排水管道图纸中应对表示各种管道的符号加以说明。

4.10.3　如果室内给排水管道系统图采用管道展开系统图，则图中不需要标明各层管道的标高。

4.11　检查井、雨水井

4.11.1　检查井、雨水井等内外均应作防水抹灰。

4.11.2　雨水井内排出管下方应设置沉泥槽，深度不得小于30cm。

4.11.3　雨水口顶标高不得高于终平高度。

4.11.4　检查井、雨水井盖板，采用复合材料盖板或铸铁盖板。按功能划分应采用不同颜色以示区别，如消防井为红色、雨水井为绿色、检查井为蓝色。

4.12　排　水　系　统

4.12.1　公共卫生间中大便器、小便器、洗脸盆应设置非触摸冲洗装置。

4.12.2　消防泡沫间、主控制楼、辅控制楼与防火墙之间角落处应设置有雨水口等排水措施，防止角落积水。

4.12.3　站外排水管道出口设置钢筋格栅，防止人畜进入，同时悬挂禁止进入标识。

4.12.4　有水的房间应该设计地漏，特别是主、辅控制楼空调主机房、内水冷房间等。

4.12.5　室内排水管道（地漏、洗漱沐浴等装置）应设置水封装置。

4.12.6　室内排水立管采用暗装式立管并设置管道检修门（口）。

4.12.7　站外排水沟、截水沟应采用钢筋混凝土沟道。

4.12.8　室内排水立管应设置伸顶通气管。

4.13　消　防　管　网

4.13.1　消防主管上的阀门宜采用带有伸缩节的连接，阀门宜采用不锈钢材质。

4.13.2　广场上消防阀门、消火栓宜采用地下式阀门井设计方案。如为地上式阀门井设计方案，宜增加围栏进行保护。

4.13.3　消防泵出口管道处应设计压力释放装置。

4.13.4　消防泵房的电气 MCC、控制等设备应尽量靠近消防泵。

4.13.5　CAFS 消防系统喷淋管应采用不锈钢管。

4.13.6　CAFS 供水管道压力流量应和设备主机需求相匹配，当采取转输水箱形式时应选择匹配的水泵。

4.13.7　CAFS 输送管道排空口应设置在每一段管道的最低点，且防空阀门位置不应受到可能发生的火灾影响。

4.13.8　CAFS 固定喷淋管道在油池上方部分应尽量避免使用法兰连接或法兰盲板，避免高温引发泄漏，应使用焊接连接。

4.13.9　CAFS 固定喷淋喷头布置及角度应保证覆盖换流变压器本体和全部有火灾风险的附件区域。

4.14　消　防　系　统

4.14.1　全站火警报警箱应有标识并接地。全站烟感探头、红外探头应编号。

4.14.2　应增加阀门使高、低端消防水系统可以相互隔离。在换流站低端先期带电时，高端消防管道出现问题可以不停电检修（整体水系统卸压）。

4.14.3　消防水池液位应送至后台显示，方便运行人员对消防水池水位进行监视，启动补水。

4.14.4　消防系统喷头不宜安装在换流变压器（平波电抗器）的巡视过道上。

4.14.5　在控制楼、阀厅、综合楼、备品库、保护小室、换流变压器、主变压器、高压并联电抗器、油浸式平波电抗器、电缆夹层、活动地板等均设置火灾报警系统。

4.14.6　设备附近宜建设消防小间，配置手推车式干粉灭火器、砂箱及消防铲；所有室内设有手提式干粉灭火器。

4.14.7　二次设备室宜配备气体型灭火器（如 CO_2 灭火器），以免灭火时对设备造成污染。

4.14.8　消防管网应设置合理的隔离阀门，便于在消防管网渗漏时逐段排查漏点，同时能够在对管网没有影响或很小的影响下隔离漏点。消防泵出口管道处应设计压力释放装置。

4.14.9　设计应考虑消防水池压力、液位在后台显示，实现运行人员对消防水池水位的监视及自动补水。

4.14.10　室内水消防管道应设置防晃支吊架，支吊架应采用热镀锌材质，工艺美观。

4.14.11　建议室外埋地湿式消防给水管采用内外热镀锌无缝钢管、干式消防管及室内消防给水管采用内外热镀锌无缝钢管，埋地式消防干管采用焊接工艺连接，出地面部分及建筑物内消防管道可采用卡箍或法兰连接。

4.14.12　换流站同一时间内的火灾次数应按一次确定。站内消防给水水量应按发生火灾时一次最大灭火用水量计算。建筑物一次灭火用水量应为室外和室内消防用水量之和。

4.14.13　水消防管道应布置在管沟中，管沟尺寸应满足检修需要。消防管沟净空高度不应小于 1.4m，净宽不应小于 1m。

4.14.14　消防水池均为全封闭的钢筋混凝土结构，下人孔宜设置为 1200mm×1200mm（内径）的方形人孔。防止模板、脚手架倒运困难；底板与侧壁施工缝处应采用钢板止水带，也可将水池施工缝设置在水池顶部。

4.14.15　消防水池根据具体地质条件设计采用地埋式或半地埋式，水池导流墙采用现浇混凝土结构；消防水池液位计应设置在爬梯附近，方便更换浮球。

4.14.16　寒冷地区生活水、消防水管道应考虑保温措施。消防管沟应增加通风设施、增加保温材料及采取电伴热。

4.14.17　消防水池容量应考虑后期增加调相机所用消防用水量。

4.14.18　建议消防水池按一级防水等级设计，采用防水混凝土＋防水砂浆＋防水涂料/防水卷材/防水板的方案。

4.14.19　考虑到消防管网压力较大，接头使用时间长，消防管道变形补偿宜采用金属波纹管膨胀节。

4.14.20　主控制楼、综合楼宜设置高位消防水箱，并保留后期增加消防水箱可能性。

4.15　管网防冻保温

4.15.1　寒冷地区综合水泵房（消防及生活水）应设计保温措施，避免出现管道冻裂的情况。

4.15.2　寒冷地区消防管道上及消防栓应设计保温措施，并安装放水阀门。

4.15.3　生活、消防阀门井应采用保温井口，并对阀门井内管道进行保温处理。

4.16　防水套管

4.16.1　地下室或地下构筑物外墙有管道穿过的应采取防水措施，对有严格防水要求的建筑物应采用柔性防水套管。

4.16.2　工业消防水池如果采用地埋式，水池出水管在地下的部分必须采用柔性防水套管。

4.17 地 下 管 网

4.17.1 站区雨水通过雨水口收集自流至雨水泵站前池，经雨水泵升压后，有条件的应抽送至雨水泵站后池，再通过管道自流排至站外河道或沟渠。

4.17.2 站外排水管道出口设置钢筋格栅，防止人畜进入，同时悬挂禁止进入标识。

4.17.3 主水源管与备用水源管在连接处应加装检修与切换用的阀门。

4.17.4 暖通水道不宜穿过结构伸缩缝、抗震缝及沉降缝。

4.17.5 暖通风管通过结构伸缩缝、抗震缝、沉降缝应有柔性连接。

4.17.6 管道穿过结构伸缩缝、抗震缝及沉降缝敷设时，应根据情况采取下列保护措施：在墙体两侧采取柔性连接；在管道或保温层外皮上下部留有不小于150mm的净空；在穿墙处做成方形补偿器水平安装。

4.17.7 给排水系统的地下水管应避免出现采用不同材质水管混接（如PVC与PPR粘合），因为混接接口处的密封性和耐压性难以满足要求。

4.17.8 给水立管、干管不应暗埋在垫层或墙体管槽内，暗埋在垫层或墙体管槽内的给水支管外径不宜大于32mm。

4.18 污 水 处 理

4.18.1 简要说明污水处理工艺流程、处理水量、处理后的水质指标、设备特性、运行控制方式、设备与管道的施工与维护要求等。

4.18.2 工艺流程图中标明系统中设备、管道及构筑物的连接和运行方式，工艺流程中设备及构筑物之间水位标高关系。

4.18.3 设施（备）平面图中应标出其坐标、方位、尺寸，设备及管道布置。

4.18.4 设施（备）剖面图中应标出管径、标高、水位等。

4.18.5 建议主控制楼前设置一个化粪池或污水处理装置，防止污水井堵塞。

4.18.6 污水处理装置处理后的中水宜接入站内绿化给水系统。

4.19 事 故 油 池

4.19.1 事故油池容积计算，应根据所接纳的最大单台含油设备的油量按规范要求确定事故油池容积。

4.19.2 事故油池设计时应统筹考虑，在满足要求前提下，宜尽量合并减少数量。

4.19.3 事故油池平、剖面图中应标出油池的坐标、方位、尺寸，以及管道的布置、管径和标高。

4.19.4 简要说明事故排油管道安装及防腐方法等。校核进出油池排油管径，校核水封高度，确保油不会溢出。

4.19.5 设计应校核进出油池排油管径，应校核水封高度，确保油不会溢出。

4.20 雨 水 泵 站

4.20.1 平面图中应标明泵房（站）（含阀门井）的坐标、方位和尺寸，水泵和管道布置、管径等；说明排水泵的配置及运行控制方式，管道材质、接口及防腐等。

4.20.2 剖面图中绘出水泵剖面尺寸、标高，水泵轴线、管道、阀门安装标高，各控制水位等。

4.20.3 水泵安装图应有设备的安装运行说明，泵房管道安装与施工应遵守的规范等。

4.20.4 水泵安装图中应标明基础的预留孔洞和埋件尺寸、位置；雨水泵外形和各种接口尺寸，安装尺寸及地面标高。还应标明雨水泵规格、型号、质量等。

4.20.5 阀冷补水泵等不宜采用恒压稳控系统，应设置电缆有源控制。

4.21 阀 外 冷 设 备 间

4.21.1 阀外冷设备间分地下和地上两层，地下部分布置有活性炭过滤器、喷淋水泵、喷淋水软化、自循环过滤装置以及各种管道，由于地下室比较潮湿，设备零部件容易生锈，而且设备的安装和检修不太方便，为了解决设备零部件生锈问题，地下部分应设有除湿机。

4.21.2 宜将阀外冷设备布置在零米层，地下部分只设置喷淋泵坑。

4.21.3 阀外冷设备应设置隔振措施。

第 5 章　暖　通　部　分

5.1　一 般 设 计 原 则

5.1.1　暖通部分的安装图纸和配件宜引用标准图集设计，如标准图集上的做法不能满足视觉和工程创优要求，应征求建设、运行等单位意见。

5.1.2　所有空调风管需考虑保温，防止风管内外温差造成凝露。

5.1.3　换流站外水冷系统盐池应设置溢流孔，溢流水应通过下水管道通向雨水井。

5.1.4　暖通风机出口宜采用防雨百叶，并在风机内侧加止回阀。对于风沙较大地区，风机出风口和百叶窗进风口外均设置双层防风沙百叶窗，且百叶窗和风机联锁，当风机启动时百叶窗先启动、风机关闭后百叶窗关闭，双层防沙百叶窗应密闭严实，防止雨水、风沙进入室内。

5.1.5　空调及通风所采用的电缆桥架应提供给桥架/槽盒供货方，并在设计图纸中明确反映。

5.1.6　采暖热负荷、空调冷负荷、通风量计算应正确。

5.2　阀 厅 空 调

5.2.1　阀厅空调系统选择应合理、空调系统运行应安全、节能。

5.2.2　空调设备布置应合理、空调室外机屋面布置需要在屋面留空，满足空调铜管、电缆穿过屋面，留空位置应能减少铜管和电缆用量。

5.2.3　换流站每个阀厅均应设置独立的集中空调系统，采用一用一备方式。

5.2.4　空调系统风管、水管、预留孔洞应避免和梁柱碰撞，设备支墩布置应合理。阀厅给电气提资料用电负荷应正确。

5.2.5　空调系统通风管道及出风口应避免安装在二次盘柜及设备的上方，空调系统控制盘柜若安装在室外，应满足 IP55 标准，并加装防雨罩。通风系统管道滤网应设计在方便更换的位置。

5.2.6　减振降噪：空调所有室内吊杆机的吊杆都要安装减振装置。空调室外机及室内吊杆机的减振装置应采用专用商品级减振装置，设计技术文件中应注明对空调减振装置自振频率等技术参数要求，确保减振效果。

5.2.7　阀厅空调需考虑冬季设备防冻要求，避免管道、表计等冻裂。寒冷地区空调主机应采取防雪、防冻措施。

5.2.8　每个阀控制室（VCU 室）宜安装两台风冷分体空调，一用一备。

5.2.9　阀厅空调进风处应有防风沙措施。

5.3　阀　厅　通　风

5.3.1　阀厅通风宜采用上送风方案，阀厅地面不宜设置通风通道。

5.3.2　进风口、排风口朝向避开主导风向。

5.3.3　当阀厅下部侧回风口处矩形风管长边尺寸超过 1000mm、管段制作长度超过 800mm 时，风管应做加固处理；矩形风管弯曲半径小于 1.0 时应设导流叶片。

5.3.4　空调送风、回风电机不宜使用变频器。安装有控制保护设备的房间应配置独立的空气净化装置。

5.3.5　阀厅排烟宜采用机械排烟方式，优化减少在建筑物外立面上风口数量。

5.3.6　地下通风沟道应涂刷防尘涂料。

5.4　控制楼空调及通风

5.4.1　主、辅控制楼轴流风机风口、百叶窗风口不应布置在正立面。如确需布置在正立面的风口，用风管连接，引至侧面，同时避免正对站址主导风向。综合楼通风系统的进风口、排风口与全站统一。控制楼空调和消防管道应统筹考虑。

5.4.2　空调及通风的出风口应避免朝向设备，控制楼空调冷凝水管宜沿走廊布置。

5.4.3　阀厅空调冷凝水管布置在空调设备间内，空调冷凝水管宜避开设备位置。

5.4.4　主、辅控制楼宜选用多联型空调，各房间选用空调室内机的形式应和各房间功能相协调，冷凝水管布置路径不在电气屏柜上方，冷凝水宜排至卫生间。

5.4.5　空调室外机屋面布置需要在屋面留空，满足空调铜管、电缆穿过屋面，留空位置应能减少铜管和电缆用量，空调室外机风口应避免正对站址主导风向。

5.4.6　空调室内机冷凝水及室外机的除霜水均应有组织排放。设计图纸明确空调冷凝水管道布置走向。

5.4.7　无吊顶房间的空调吊杆都要加装白色的 PVC 套管。

5.4.8　设计应充分考虑空调冷凝水排放方案，严禁采用直接出外墙排放方案，不宜通过接入雨篷雨落管的方式排放冷凝水。空调冷凝水应采用独立的排水管道接入排水系统。管道存在受冻风险时，应采取保温措施。设计应考虑防止雨水系统内不良气体通过空调冷凝水排放系统而渗入室内污染室内空气环境的措施。

5.4.9 主、辅控制楼屋面的空调制冷剂管应敷设在热镀锌桥架内，可以与空调室外机的供电电缆桥架布置在一起。

5.4.10 布置在控制楼屋面的阀厅空调用风冷冷热水机组、变频多联空调室外机处均设置自来水龙头。

5.4.11 阀厅、控制楼空调室外机宜布置在楼顶，便于巡视和维护检修，整洁美观。需要设置从控制楼通到室外的通道，出屋面处应防止雨水倒灌。

5.4.12 主、辅控制楼屋面的空调制冷剂管与室外机的电缆桥架走向保持一致。

5.4.13 排烟防火阀应设独立吊架，距墙端面不应大于 200mm。

5.4.14 走道常闭排烟口应在距地 1.3～1.5m 处设手动驱动装置。

5.4.15 排烟管道应设置抗震支吊架。

5.5 综合楼空调及通风

5.5.1 采暖热负荷、空调冷负荷、通风量计算应正确。

5.5.2 综合楼选用多联型空调，各房间选用空调室内机的形式应和各房间功能相协调，冷凝水管布置路径不在电气屏柜上方，冷凝水宜排至卫生间，空调室外机屋面布置需要在屋面留空，满足空调铜管、电缆穿过屋面，留空位置应能减少铜管和电缆用量，空调室外机风口应避免正对站址主导风向。

5.6 综合水泵房空调及通风

5.6.1 采暖热负荷、通风量计算应正确。

5.6.2 综合水泵房选用防水性电暖器，采暖温度满足冬季室内水管、水泵不结冰，无人值守泵房宜为 5℃，温度太高，需要提供的热能就越多，浪费能源。

5.6.3 综合水泵房、车库风口避免正对站址主导风向、通风系统的进风口、排风口选用防沙型双层电动百叶窗，与全站统一。

5.7 继电器室空调及通风

5.7.1 继电器室选用分体立柜式空调，各房间选用空调室内机的形式应和各房间功能相协调。空调系统冷凝水管、铜管、电缆布置路径应合理，空调室外机风口应避免正对站址主导风向。

5.7.2 南方潮湿地区继电器室应根据需要设置除湿机。

5.8　检修备品库空调及通风

5.8.1　应核实采暖热负荷、通风量计算应正确。

5.8.2　检修备品库风口布置避免正对站址主导风向、通风系统的进风口、排风口选用防沙型双层电动百叶窗，与全站统一；检修备品库体积大，电暖器布置不应影响室内物品摆放，避免室内温度不均匀，出现大的温度梯差。

5.9　警卫传达室空调及通风

5.9.1　应核实警卫传达室采暖热负荷、空调冷负荷计算应正确。

5.9.2　空调室外机布置在立面外墙还是布置屋面，需和全站空调布置方式统一；采暖方式选用分散式电暖器还是地热，采暖温度调节方式选用集中控制还是独立控制，需和全站采暖方式统一。

5.10　室　外　机

5.10.1　室外机位置：空调室外机不应挂墙方式安装，且不应安放在建筑物散水上。

5.10.2　室外机间距：多联机组布置间距及其与周边建筑物的间距应满足热交换需要。

第6章 建 筑 电 气

6.1 接 地 要 求

6.1.1 主、辅控制楼等采用彩钢板的建筑物如有防雷引下线，应在设计中考虑引下线的敷设方案，兼顾施工难度和观感。

6.1.2 配电装置场地内的生产建筑物门窗需接地，离带电设备较远的生活建筑门窗可视实际需求确定。

6.1.3 施工图中应明确接地电阻阻值要求及跨步电势、接触电势的控制措施。

6.2 配电箱、控制柜

6.2.1 建筑物室内照明箱、检修箱、空调控制箱、火灾报警模块箱等不同专业的成套配电箱（柜、盘）、控制柜（屏、台）型号规格、材质、颜色应统一，控制楼、备品库、继电器室、综合楼等建筑物所有箱体的安装方式应统一为嵌墙式。箱体外框尺寸建议为 600mm（宽）×600mm（高）×200mm（厚），材质为冷轧镀锌钢板喷漆，喷漆色标 RAL7035，箱体两层底板厚度不小于 1.5mm。

6.2.2 室内配电箱位置：建议由建筑专业牵头对各房间各专业配电箱位置进行优化排版。

6.2.3 安装方式及位置：全站建筑物户内箱体全部采用嵌入式安装，安装位置应布置在安全、干燥、方便人员操作且建筑物隐蔽处，户内箱体的安装高度，箱体底部距离地面 1.3m。

6.2.4 铭牌：内容全站格式统一，不得出现箱体生产厂家名称。

6.2.5 户外控制柜采用哑光不锈钢材质，防风沙双层门。

6.2.6 综合水泵房与综合水池中间隔墙不应设置嵌墙式配电箱。

6.3 照 明 控 制

6.3.1 站区照明控制，主控制楼内应设集中照明控制箱，并可实现各区域独立控制，站前区的照明控制箱应设在综合楼内，且投光灯不宜过高（1.5m）。

6.3.2　GIS室长度较长，开关控制宜采用双控形式。

6.3.3　疏散指示灯安装高度统一为距装饰地面0.3m，间距不大于20m；应急照明灯安装高度距顶棚800mm；安全出口标志灯应安装在疏散方向里侧上方，灯具底边在门框（套）上方0.2m。

6.3.4　建筑物照明应采用LED智能照明。

6.4　其　　他

6.4.1　带洗浴设备的卫生间应作局部等电位联结。图纸上需明确等电位联结端子箱安装位置及要求。等电位联结端子箱应布置在水不易溅到的隐蔽位置，不应设在淋浴下方。

6.4.2　照明等预埋管线过于集中，易造成楼（屋）面板开裂；管线宜分开布置，如集中布置结构考虑加固措施。

6.4.3　变电站控制室及保护小室应独立敷设与主接地网紧密连接的二次等电位接地网，在系统发生近区故障和雷击事故时，以降低二次设备间电位差，减少对二次回路的干扰。

6.4.4　站外深井的动力、控制应引接至站内，且应实现双回路供电；消防、生活给水泵都应实现双回路供电。

6.5　弱　电　布　置

6.5.1　综合水泵房泵坑内不应设置插座。

6.5.2　在会议室、食堂、休息室敷设有线电视、电话、网线接口，网线接口按照国家电网有限公司双网双机、内外网分开的要求，每个网线接口处要布置双网网络，即一个用于外网、一个用于内网。

6.6　应急及疏散指示、照明

6.6.1　建筑物走道疏散指示灯安装方式应统一为嵌墙式。

6.6.2　疏散照明线路应采用耐火导线，悬吊安全疏散指示灯供电电线应暗敷在安全疏散指示灯的吊杆内或穿导管保护，不得外露。

6.7　全　站　接　地

6.7.1　钢质爬梯、扶手、防火门、窗户以及暖通空调等辅助专业接地等，应在设计图纸上明确注明接地。

6.7.2　建筑物防火门门扇接地铜线要考虑选用柔软不易折断的材料。

6.7.3　铜鼻子与扁钢相连，应要求镀锡。

6.7.4　全站设计接地端子朝向应尽量保持一致，并在图纸中标明。

6.7.5　变压器中性点应有两根与接地网主网格的不同边连接的接地引下线，并且每根接地引下线均应符合热稳定校核的要求。

6.7.6　对于高土壤电阻率地区的接地网，在接地阻抗难以满足要求时，应采用完善的均压及隔离措施。

6.7.7　室外金属栏杆应设置可靠接地。

6.8　建筑物防雷接地

6.8.1　屋面避雷带宜优先采用镀锌圆钢（直径按设计要求，建议取 10mm），高于屋面的金属物件应与屋面避雷带可靠连接。

6.8.2　综合楼、备品备件库、继电器保护室等除阀厅外的建筑物防雷接地引下线应暗敷。断接卡距离室外地面高度统一为 1.5m，建筑物边或转角处距离统一，应避开窗户、空调和雨落管等，并便于检测。

6.8.3　建筑物外墙防雷接地断接卡箱体的规格、型号、材质、颜色及保护措施应统一，断接卡保护措施应采取暗敷断线盒，断线盒尺寸应与贴砖外墙的砖合模数，做到四边对缝，站内同一建筑物暗敷断线盒的高度应一致。

6.8.4　主控制楼屋面防雷接地线应核查是否可以取消。

6.8.5　屋面均压带宜设置为暗敷。

6.8.6　架空避雷线应与换流站接地装置相连，并设置便于地网电阻测试的断开点。

6.9　接　地　体

6.9.1　垂直接地体间的间距不宜小于其长度的 2 倍，水平接地体的间距不宜小于 5m。

6.9.2　接地体的连接应采用焊接，焊接位置两侧 100mm 范围内及锌层破损处应防腐。

6.9.3　宜采用点对点测试等测试手段，检查换流站配电装置虚接地或假接地。

6.9.4　支柱绝缘子设备支架通过单点接入主接地网。

6.10　主、辅控制楼建筑电气

6.10.1　控制室内应设置全站照明集中控制系统，上述区域照明同时应具有就地控制功能。

6.10.2　吊顶内有电缆通道时应设计可拆卸吊顶，并应考虑检修通道。

6.10.3　电缆桥架、电缆夹层内部布置应合理，外部应避免与其他建筑物碰撞，与其他桥架、夹层衔接一致。

6.10.4　电缆竖井、ROXTEC 安装位置等狭小处，应考虑施工人员工作空间。

6.10.5　所有建筑的应急照明和疏散指示系统均应采用集中控制型系统。

第7章 主、辅控制楼

7.1 一般设计原则

7.1.1 控制楼首层出入口均不少于两个,主出入口应与站区主要道路衔接。各层交通组织便捷,形成顺畅的水平、垂直交通体系。

7.1.2 控制楼内位于相邻两部楼梯之间的功能用房的门至最近楼梯的距离不应大于35m,位于袋形走道尽端的功能用房的门至最近楼梯的距离不应大于20m。

7.1.3 控制楼应设置二次备品库,环境要求与设备室一致。安全工器具宜设置在主控制楼一楼,面积不小于40m²且设置有通向室外的大门。

7.1.4 设备房间不应设置通往屋面的外门。走道或走廊不宜有突出的柱子。

7.1.5 主控制室室内中间部位不应有独立框架柱。

7.1.6 空调设备间、阀外冷设备间等内部布置大体积设备的功能用房,应考虑设备的运输条件,如可在说明中明确预留一面砖墙先不砌筑,等设备安装完成后再砌筑。

7.1.7 空调室外机靠近人员休息的房间可采用隔音挡板等措施,降低噪声。

7.2 结构设计

7.2.1 框架结构中应尽量避免出现短柱或者超短柱。

7.2.2 控制楼电梯井框架柱如为短柱,应沿全长加密箍筋。

7.2.3 在高地震烈度地区,混凝土结构的主、辅控制楼宜采用框架—剪力墙结构,采用强度较高混凝土,减小框架梁柱截面。

7.2.4 主控制楼二楼、三楼走廊底部结构梁不应穿埋管。

7.2.5 建筑物结构设计时,主控制楼和辅控制楼应设计管道井,空调管道、消防管道、空调补水管、动力控制线缆可设计在管道井内。

7.3 防 火 设 计

7.3.1 与阀厅相邻的控制楼墙体应满足相关规范中耐火极限的要求，该墙上的门窗应采用满足相关规范中耐火极限的要求的甲级防火门窗，管线开孔与管线之间的缝隙应满足相关规范中耐火极限的要求的防火封堵材料封堵密实。

7.3.2 控制保护设备室、交流配电室、电气蓄电池室、通信机房、通信蓄电池室、阀冷却设备间、空调设备间等设备用房和楼梯间的墙体耐火极限，应满足相关规范中耐火极限的要求，各设备用房的门应采用向疏散方向开启的、应满足相关规范中耐火极限要求的防火门。

7.3.3 电缆、管道竖井在各楼层的楼板处以及与房间、走道等相连通的空洞部位，应采用防火封堵材料封堵密实；电缆、管道竖井井壁的耐火极限应满足相关规范中耐火极限的要求，井壁上的检查门应采用向竖井外侧开启的并满足相关规范中耐火极限要求的防火门。

7.4 电 磁 屏 蔽

7.4.1 控制楼的屏蔽，将电气二次房间或与辐射源的房间做屏蔽措施，门、窗、墙体、楼板均要屏蔽。

7.4.2 需要电磁屏蔽的功能房间在内部采取六面体电磁屏蔽措施。相应功能房间的楼（地）面、四周墙体及顶棚内敷设镀锌钢丝网屏蔽层，各屏蔽钢丝网之间通过焊接成为全闭合的六面屏蔽体，相应功能房间的门窗采用电磁屏蔽门窗。

7.4.3 图纸中应明确楼板屏蔽网施工做法。

7.5 屋 面

7.5.1 当控制楼等建筑物屋面女儿墙采用钢筋混凝土结构时，建议设置结构伸缩缝。

7.5.2 主、辅控制楼楼顶上人屋面的女儿墙设计，应考虑运行人员巡视全站的视野，女儿墙的最低高度不小于1.05m，按主、辅控制楼主立面临空处进行控制。

7.5.3 设置在屋面的设备基础应给出防水节点详图。

7.5.4 上人屋面及女儿墙下部宜采用贴砖方案，宜采用300mm×300mm防滑砖。

7.6 门 窗

7.6.1 主、辅控制楼建筑外墙门窗设计应美观协调、统一规划，窗户可开启面积应根据房间功能、气候环境等条件要求区别对待。

7.6.2 控制楼窗户的开启满足通风面积即可，尽量采用固定窗。

7.6.3 控制楼窗户应采用断桥铝合金双层中空玻璃，具备隔音、降噪、保温效果和节能要求，设备室窗户应设计成封闭式结构。控制室和值班休息室应采光和通风良好。

7.6.4 控制楼内阀厅观察窗底部离地面高度应协调，便于运行人员观察阀厅。观察窗应采用防火窗。

7.6.5 设计可结合楼梯休息平台的布置优化楼梯间窗户在竖向上的布置。

7.6.6 主控室门设计为可透视玻璃门，不应为钢制防火门。

7.7 地　面

7.7.1 换流阀检修升降车在主、辅控制楼建筑内的通行路径地面不应采用玻化砖等易碎材料。

7.7.2 静电地板位于主、辅控制楼一层以上的通信机房或二次设备间等功能用房，活动地板高度不宜过小，避免下方电缆敷设拥挤。

7.7.3 控制楼内除设备房间以外的房间不设置活动静电地板。过道走廊区域不应设置活动静电地板。

7.7.4 静电地板面层应为防滑地砖，其防静电性能应提供相应报告。

7.8 电　缆　通　道

7.8.1 控制楼一层电缆敷设采用电缆沟或电缆夹层方式，二层、三层电缆敷设采用抗静电活动地板。

7.8.2 建筑物内电缆通道应尽量贯通成环，方便屏柜间引线。

7.8.3 设计应在施工图纸上明确综合楼配电室以及主、辅控制楼等建筑物室内电缆竖井、管道的封堵装修材质、颜色等方案。

7.9 楼　梯　间

7.9.1 若控制楼楼梯间不能自然采光和通风，应按防烟楼梯间的要求设置。

7.9.2 楼梯间结构设计应优化，梁宽度宜同墙厚。

7.9.3 自然通风的楼梯间其疏散窗单扇对外开启面积不小于 $1m^2$。

7.10　吊　顶

7.10.1　控室、控制保护设备室、通信机房等设备用房的吊顶材料宜采用铝合金扣板、矿棉板、石膏板等易拆卸的板材。

7.10.2　吊顶内有电缆通道时应设计可拆卸吊顶，并应考虑检修通道。

7.10.3　南方多雨潮湿地区走道等部位，不建议采用石膏板、矿棉板等吸水性吊顶。

7.11　蓄 电 池 室

7.11.1　为防止蓄电池被阳光暴晒，建议蓄电池室不应设置采光窗户，但应设置墙体通风百叶窗。

7.11.2　控制楼蓄电池室应靠外墙设置。

7.11.3　蓄电池室门的开启方向不应开向有设备房间。

7.12　排 水 系 统

7.12.1　主、辅控制楼天台应设计有组织排水。

7.12.2　对于高寒、高海拔地区，设计时，应提高控制楼等建筑物排水管设计标准，防止管路结冰胀裂、脱落砸伤设备。

7.13　功 能 房 间

7.13.1　空调设备间除门洞口外四周，应设置不低于200mm高的泛水；空调设备间空调设备四周，应设置排水沟代替排水管，由排水沟排水至地漏。

7.13.2　阀内冷设备间泵坑内应设置地漏或排水沟，泵坑设备与外水管连接采用软连接。

7.13.3　阀控室内的通风管道禁止设计在阀控屏柜顶部，以防冷凝水顺着屏柜顶部电缆流入阀控屏柜。

7.14　建 筑 外 立 面

7.14.1　设计应优化主、辅控制楼风口，在满足通风要求的前提下建筑正立面不应布置风口，风口布置在侧面，且注意风口的对称和尺寸应统一。应加强与建筑专业的配合，尽可能将外墙风口的尺寸合并到2～3种。

7.14.2 控制楼等外墙采用压型钢板饰面时，建筑物外墙窗户位于房间内或者楼梯间处轴线位置需统一，避免外立面效果不一致现象。

7.15 栏 杆

7.15.1 建筑物楼梯栏杆底部需设 100mm 高挡板。

7.15.2 建筑图中需给出楼梯栏杆相关高度、踏步做法及栏杆下部翻边的节点详图（详细做法）。

7.15.3 楼梯栏杆立柱选用应满足《建筑结构荷载规范》（GB 50009—2012）和《固定式钢梯及平台安全要求》（GB 4053.1～3—2009）规定的受力要求。

7.16 照 明

7.16.1 控制室内应设置全站智能照明集中控制系统，便于运行人员在控制室分区域对全站室外照明，包括四个阀厅照明、换流变压器 Box－in 内照明、GIS 室照明、直流场、换流变压器广场等区域进行远方控制。上述区域照明同时应具有就地控制功能。

7.16.2 控制楼宜采用 LED 智能照明。

7.16.3 控制楼应配置电梯。主、辅控制楼电梯应选用相同品牌厂家。

第8章 高、低端阀厅

8.1 阀 厅 建 筑

8.1.1 每极阀厅±0.00m层均设有两个出入口，其中一个出入口通向户外、另一个通向控制楼。

8.1.2 阀内冷设备间门和阀厅门的设置方向应便于检修小车出入阀厅。

8.1.3 通向控制楼的出入口门洞尺寸宜为3.6m（宽）×4.2m（高）；通向户外出入口门洞尺寸应不小于1.0m（宽）×2.1m（高）。

8.1.4 阀厅与控制楼相邻轴线间距一般为800～1000mm。

8.1.5 阀厅内阀控屏柜基座应采用型钢固定。

8.1.6 阀厅设计及施工中应保证阀厅的密闭性。

8.1.7 寒冷强风沙地区，阀厅室外门应设置门斗。

8.2 阀 厅 钢 结 构

8.2.1 阀厅建筑宜采用钢结构，整体性好，耐火、耐久性均优良。施工方便，减少现场对砌体砖等不可再生资源的利用，符合"四节一环保"的要求。同时，钢结构在厂家生产，有利于工程施工组织。

8.2.2 阀厅钢柱柱脚在地面以下部分用C15混凝土包裹，保护层厚度不小于100mm，高出地面150mm。

8.2.3 屋架上、下弦结构布置图中，屋架中间的水平交叉支撑与水平系杆之间的角度不宜小于15°。

8.2.4 屋架下弦阀塔主吊梁悬挂点宜位于屋架节点上。

8.2.5 阀塔吊梁与屋架下弦建议采用纯螺栓连接。

8.2.6 阀厅插入式柱脚抗剪栓钉布置在H型钢的腹板上，间距不大于200mm。

8.2.7 钢屋架拼装图中右侧拼接点位置应合理。

8.3 阀厅防火设计

8.3.1 阀厅内部电缆敷设宜优先采用电缆槽盒形式。

8.3.2 阀厅主要建筑材料均采用不燃烧或难燃烧材料。

8.3.3 阀厅与换流变压器之间的防火墙上的套管开孔应进行防火封堵，材料应满足 3h 耐火极限要求。

8.3.4 所有通向阀厅的门均采用钢制电磁屏蔽防火隔声门。

8.3.5 阀厅压型钢板围护结构的技术规范书对分层材料技术参数的要求应体现在施工图中。

8.3.6 阀厅钢柱、梁防火涂料宜采用厚涂＋薄涂方案，并满足相关消防规范对厚度的要求。

8.3.7 膨胀型钢结构防火涂料的涂层厚度依据《钢结构防火涂料》（GB 14907—2018）的第5.1.5 条"不应小于 1.5mm，非膨胀型钢结构防火涂料的涂层厚度不应小于 15mm"。

8.3.8 阀厅的柱、梁、屋顶承重构件均应采用不燃性材料，柱耐火极限不应低于 2.00h、梁耐火极限不应低于 1.50h、屋顶承重构件的耐火极限不应低于 1.00h；作为防火墙承重结构的梁、柱的耐火极限不应低于防火墙的耐火极限。

8.3.9 阀厅柱间支撑的设计耐火极限应与柱相同，屋盖支撑和系杆的设计耐火极限应与屋顶承重构件相同。

8.3.10 阀厅的疏散门可作为消防救援入口，除疏散门外不宜设置消防救援窗；控制楼应在每层的适当位置设置可供消防救援人员进入的窗口，每个楼层不应少于 2 个。供消防救援人员进入的窗口的净高度和净宽度均不应小于 1.0m，下沿距室内地面不宜大于 1.2m，间距不宜大于 20m。窗口的玻璃应易于破碎，并应设置可在室外易于识别的明显标识。

8.3.11 每极阀厅应作为一个防火分区，每个防火分区的安全出口不应少于 2 个，阀厅内巡视走道不作为安全疏散通道。

8.4 阀厅电磁屏蔽

8.4.1 为保证阀厅内电气设备稳定运行、防止电磁波的干扰，对阀厅采取六面体电磁屏蔽措施。阀厅±0.00m 室内地坪采用现浇钢筋混凝土内衬镀锌钢丝网作为屏蔽层；阀厅四周墙体和屋面采用压型钢板作为屏蔽层，各屏蔽体之间通过焊接或屏蔽自钻螺钉连接成为全闭合六面体电磁屏蔽体。

8.4.2 当墙面、屋面采用压型钢板作为电磁屏蔽体时，每张压型钢板、压型钢板与封边、包角等异形板之间应在边缘部位进行搭接，其重合宽度不应小于 50mm，并采用间距不大于 300mm的电磁屏蔽自钻螺钉进行导电连接；阀厅换流变压器、中性线和直流极线等穿墙套管孔洞周围的电磁屏蔽措施应加强。

8.5 雨 落 管

8.5.1 合理设置雨落口位置，使阀厅外雨落管的布置位置与外墙彩钢板相协调，避免采用弯管。

8.5.2 阀厅雨落管应避免与避雷线引下线位置冲突。

8.5.3 降雨量较小的地区可采用散排方式。

8.6 阀厅密封、排风

8.6.1 阀厅排烟风机的百叶窗、滤网应提出具体参数要求，确保满足阀厅密封需要。

8.6.2 阀厅事故排烟风挡宜向下开启，避免排烟窗打开时雨水、飞鸟进入阀厅。

8.6.3 阀厅侧面的开孔处应采用防雨水措施并明确密封工艺，阀厅天沟泛水板及密封条或涂密封胶等应有有效的防渗水及密封构造措施，确保雨水不会渗入阀厅内部。

8.7 阀厅压型钢板（屋面防风）

8.7.1 阀厅屋面基本风压按 100 年一遇标准取值，阀厅设计应根据当地历史气候记录，适当提高阀厅屋顶的设计与施工标准，防止大风掀翻屋顶。

8.7.2 对于金属屋面应依据《建筑金属围护系统工程技术标准》（JGJ/T 473—2019）的表5.3.2 规定：有特殊防水要求的工业建筑等重要建筑物的屋面应满足一级防水等级要求，防水设计使用年限应≥30 年，防水构造要求应设置防水层。

8.7.3 屋面彩钢板的固定满足相关抗风技术要求，可以有效防止屋面被大风掀翻。设计应明确阀厅屋面压型钢板的固定方式及工艺要求，其连接强度应满足抗风压性能要求。

8.7.4 阀厅屋面应采用檩条明露型双层压型钢板复合保温屋面、360°直立锁边屋面体系，应保证整个屋面除屋脊部位外没有螺钉穿透，为水密性屋面。阀厅檐口檩条应加密。

8.7.5 对于阀厅屋面屋檐、天沟，两侧山墙、高空迎风处的墙角等风荷载较为集中的部位，均采取螺钉加密、抗台风螺钉、密封处理等有效的抗风加强技术措施，确保屋面围护系统的安全。

8.7.6 图纸中应明确彩板抗风揭性能要求。

8.7.7 阀厅彩钢板施工图应详细提供外板、保温层、屏蔽层、密封层、内板具体施工要求、施工注意事项等。

8.8 阀厅巡视走道

8.8.1 阀厅屋顶应设置足够长度的巡视走道，满足运维人员巡视所有换流阀的需求。并配置可靠的安全措施，便于运维人员对屋顶进行检查。

8.8.2 阀厅屋面设置巡视走道时，应明确巡视走道与屋面板连接的工艺要求，巡视走道应采用专用夹具固定在屋面彩钢板波峰，保证屋面彩板的整体性。

8.8.3 阀厅屋面应预留去往消防炮检修平台得检修通道以及相关的安全措施。

8.8.4 阀厅内巡视走道宜不小于 1.2m（宽）×2.2m（高）（净高不小于 0.8m）设计，巡视走道设有通往控制楼的出入口，出入口门洞尺寸宜不小于 1.0m（宽）×2.1m（高）。

8.8.5 巡视走道采用钢结构，地板采用镀锌花纹钢板，巡视走道外侧及顶面设热镀锌钢板网围栏，通行门采用满足 1.2h 耐火极限要求的钢制电磁屏蔽防火隔声门。

8.8.6 控制楼侧应设置阀厅的观察窗，观察窗高度应便于观察阀厅内部情况。

8.8.7 阀厅屋面及屋脊处设置 0.9m 宽巡视走道与上屋面检修钢梯相接，以便运行工人员对屋面的巡视及维护。

8.9 阀厅门

8.9.1 阀厅的外门应具有屏蔽、防火性能，逃生门属于安全出口，应直对室外开启，下部不应设置门槛。阀厅门若采用大门套小门，应统一设置消防联动系统，门锁应统一配置。

8.9.2 阀厅大门底部应在地面零米以下。通行车辆的门底框应采用耐承压型钢，并能承受至少 50t 的荷载。

8.9.3 寒冷、多风沙地区，阀厅室外门应设置门斗。

8.9.4 阀厅紧急门不应配置钥匙孔，只能从室内打开。

8.10 阀厅电气

8.10.1 阀厅大门外侧应设置阀厅作业车室内停放区，停放区及阀厅内应设置作业车充电欧标插座，满足阀厅检修车的充电要求。阀厅大门及通道设计应满足阀厅作业车出入要求。

8.10.2 阀厅内应设置交流 220V 检修电源，以方便阀厅内的试验要求。

8.10.3 应明确换流变压器防火墙上照明、火灾报警、风机控制等箱子的外形、尺寸及材质要求。

8.10.4 阀厅照明应选择寿命长且运行稳定的灯具。

8.11 阀 厅 地 面

8.11.1 阀厅室内地坪应满足规范要求，应采用耐磨、抗冲击、抗静电、不起尘、防潮、光滑、易清洁的饰面材料。

8.11.2 阀厅地面基层应设置一道防水涂料、配置承压筋及抗裂筋等防潮、抗压措施。

8.12 高 强 度 螺 栓

8.12.1 根据《钢结构高强度螺栓连接技术规程》（JGJ 82—2011）第 3.1.7 条，同一接头中，高强度螺栓与普通螺栓不能混用，承压型高强度螺栓连接不能与焊接连接并用。

8.12.2 根据 JGJ 82—2011 第 4.3.1 条，每一杆件在高强度螺栓连接节点及拼接接头的一端，其连接的高强度螺栓数量不应少于两个。

8.13 防 火 墙

8.13.1 阀厅纵向钢筋混凝土墙应按规程设置伸缩缝。

8.13.2 换流变压器防火墙的沉降观测标建议隔一片墙设置一个。

8.13.3 防火墙应采用钢筋混凝土剪力墙结构。

8.13.4 设计应明确水喷雾、泡沫喷淋、压缩空气泡沫灭火系统等方式的消防管道、灯具等在防火墙上的固定方式。

8.13.5 设计应提供防火墙混凝土保护液（如果有）技术规范书，明确涂刷质量及外观要求，明确保护液配比颜色要求；防火墙涂完保护液后外观颜色应保持混凝土原色，或不与混凝土原色有明显色差，每片防火墙保护液涂刷应整墙涂刷，不留板缝、接缝、接槎等。

8.13.6 换流变压器与阀厅之间应设置防火墙，防火墙高度不应低于阀厅檐口；低端阀厅与低端阀厅之间应设置防火墙，防火墙应高出屋脊不小于 0.50m；控制楼靠近阀厅侧墙体应为防火墙，阀厅靠控制楼侧山墙可采取措施提升其耐火性能。

8.13.7 换流变压器的防火墙轮廓尺寸应完全包络换流变压器带油部分的外轮廓在防火墙侧的投影尺寸，其中长度方向应超出换流变压器的集油坑内壁外且不小于 1m，高度方向应分别高出换流变压器储油柜不小于 0.5m 及换流变压器本体不小于 1m。

8.14 阀 厅 照 明 电 缆 敷 设

8.14.1 施工图中准确核对各卷册中各个系统的布置形式，包括平面布置及立面布置，尽量准确的规划电缆数量、走向、位置及敷设方式。

8.14.2 阀厅灯具安装高度应考虑阀吊梁的高度，确保阀厅灯具照射范围不受影响。

8.15 其 他

8.15.1 阀厅接地设计时应预留阀厅悬吊绝缘子和换流阀的设备接地位置。

8.15.2 阀厅内所有安装附件（含螺栓）等应将其尖端背向阀塔安装，设计图纸中应表示或说明螺栓安装的方向，避免形成尖端效应并引起放电的可能性。

8.15.3 建立参建设计院多专业与配合深化设计厂家图纸内容协调机制，改进对钢结构及压型钢板等配合深化设计厂家的图纸管理及动态管理，钢结构及压型钢板等配合深化设计图纸内容一律经设计审核修改后以设计院图框出图供给工程现场。

第9章 换流变压器（变压器）搬运轨道广场

9.1 基　　础

9.1.1 应明确筏板基础架立筋布置数量、直径、间距及说明。

9.1.2 轨道广场面积较大，应适当加强混凝土板的厚度和配筋。

9.1.3 换流变压器基础混凝土内部不宜加入防裂纤维，仅在表面混凝土中加入防裂纤维。

9.2 广　　场

9.2.1 轨道广场水不宜排入换流变压器油坑。多雨地区设单排水明沟、不设雨水口，沟底设双镀锌钢管接入检查井。少雨地区应采用有组织排水排入排水井。

9.2.2 换流变压器轨道广场宜采用电缆隧道及管沟（水管、消防管、排油管）型式。

9.2.3 设计应优化换流变压器广场上牵引环、雨水口、检查井数量。

9.3 防裂纹措施

9.3.1 轨道广场应采用裂缝控制技术，通过降低混凝土收缩量与收缩应力、提高混凝土的抗裂强度（或极限拉应变）、降低约束三方面入手，提高换流变压器广场抗裂能力。

9.3.2 换流变压器轨道基础应尽量采用大板基础形式，建议轨道广场混凝土面层分缝充分考虑混凝土基础基层和回填土基层的分缝处理设计，位于回填土上的轨道广场混凝土面层应配置双层钢筋网片，防止不均匀沉降造成开裂。

9.3.3 换流变压器广场和轨道应有效分隔，避免造成广场裂缝。

9.3.4 换流变压器广场混凝土表面应设计耐磨措施，宜采用非金属石英砂耐磨地面，厚度不小于5mm。

9.3.5 换流变压器广场的牵引孔预埋件优化为圆形板，并在预埋件周围在留缝，克服预埋件与混凝土之间由于应力集中产生的裂缝。

9.3.6 广场上事故排油井、雨水井、上人孔等盖板宜做成圆形，避免方形四角处出现八字裂缝。

9.3.7 广场表层混凝土与轨道基础宜设置油毡隔离层。

9.3.8 主轨道、支轨道及电缆隧道等形成的封闭区域，应采用级配砂石换填，并在回填后立即进行表层封闭，避免雨水浸泡造成下沉塌陷。

9.4 电 缆 隧 道

9.4.1 换流变压器广场，进出主、辅控制楼区域的电缆沟宜采用半封闭、考虑设置人孔的型式。活动盖板的电缆沟边沿应使用角钢收边。

9.4.2 搬运轨道与总交电缆沟的接口应合理，基础周围应考虑排水；与轨道基础周围广场、道路、换流变压器基础标高配合应准确。

9.4.3 电缆隧道检修爬梯应采用直径不小于 20mm 的踏步钢筋。

9.5 轨 道 及 运 输

9.5.1 钢轨下翼缘与基础间的缝隙采用高强环氧树脂砂浆灌缝密实，高强环氧树脂砂浆采用成品或现场配制，抗压强度设计值不小于 21MPa。

9.5.2 换流变压器广场钢轨与基础采用埋件连接，埋件间距应采用 800mm。

9.5.3 换流变压器运输轨道凹槽处，设计应有专项措施避免换流变压器运输小车轮子摩擦力较大而导致的运输困难。

9.6 集 油 坑

9.6.1 换流变压器、主变压器及高压并联电抗器周边集油坑上应铺满格栅，便于设备运维及检修。格栅应架空布置，其上铺鹅卵石，格栅下方空间可容纳 20％变压器油量。

9.6.2 换流变压器基础油坑内卵石下铺设钢格栅板应规定材料和规格。

第 10 章 综 合 楼

10.1 一 般 设 计 原 则

10.1.1 综合楼热工设计应按照民用设计标准进行施工图设计。

10.1.2 综合楼楼梯数量、位置、宽度和楼梯间形式，应满足使用方便和安全疏散的要求，应满足防火规范要求。

10.1.3 综合楼的安全出口不应少于 2 个。且两个安全出口最近边缘之间的水平距离不应小于 5.0m。

10.1.4 综合楼内的卫生间、盥洗室、浴室应等用房不应布置在餐厅、厨房、配电及变电等有严格卫生要求及防潮要求用房的直接上层。

10.1.5 综合楼应设置办公室、大小会议室、电视电话会议室、培训室、休息室、厨房、餐厅。窗户应采用防噪声设计。

10.1.6 综合楼休息室应配置衣柜、热水器、洁具等必备生活用具。卫生间应干湿分离，卫生间门应采用防水门（门上应有通风百叶）。

10.2 综 合 楼 广 场

10.2.1 综合楼进门处应设置门厅。综合楼门前设置停车广场，广场应采用耐磨石材（80mm 厚火烧板）或广场砖（300mm×300mm 防滑砖），不应采用面包砖（混凝土砖）。设计应明确材料要求，寒冷地区应满足防冻胀要求。如考虑给备品备件库货车转场使用，广场砖耐磨耐压强度应满足要求，广场基层应满足车辆通行需要。

10.2.2 换流站综合楼前应进行绿化，体现人性化。

10.3 建 筑 外 立 面

10.3.1 立面设计应充分体现工业建筑简洁、现代的风格。在造型、色彩、材质、光影效果上追求简洁、明快、大方而实用的处理手法。主入口醒目、突出，空间层次丰富。

10.3.2 站前区综合楼、警卫传达室等色彩应协调。

10.3.3 设计应明确外墙饰面方案并绘制排版图，外墙饰面方案应满足消防规范要求及住建部最新文件要求。

10.3.4 外墙涂料层宜选用吸附力强、耐候性好、耐洗刷的弹性涂料，涂料时粉刷层宜掺入抗裂纤维。

10.3.5 外墙粉刷必须设置分格缝。

10.4 屋 面

10.4.1 上人屋面女儿墙（活栏杆）高度从可踩踏表面算起，不应小于1050mm。

10.4.2 柔性与刚性防水层复合使用时，应将柔性防水层放在刚性防水层下部，并应在两防水层间设置隔离层。

10.4.3 对于体积吸水率大于2%的保温材料，不得设计为倒置式屋面。

10.4.4 柔性材料防水层的保护层宜采用撒布材料或浅色涂料。当采用刚性保护层时，必须符合细石混凝土防水层的要求。

10.4.5 膨胀珍珠岩类及其他块状、散状屋面保温层必须设置隔气层和排气系统。排气道应纵横交错、畅通，其间距应根据保温层厚度确定，最大不宜超过3m；排气口应设置在不易被损坏和不易进水的位置。

10.4.6 综合楼上人屋面及女儿墙下部宜采用贴砖方案，宜采用150mm×150mm防滑釉面砖。

10.5 楼 梯

10.5.1 楼梯梯段改变方向时，扶手转向端处的平台最小宽度不应小于梯段宽度，并不得小于1.20m。

10.5.2 每个梯段的踏步不应超过18级，也不应小于3级。

10.5.3 楼梯间平台尽量不做外凸的形状，以减少造型等带来的其他问题。

10.6 厨 房

10.6.1 厨房排水应设置隔油池。

10.6.2 在结构设计时，考虑食堂内烟道的布置，应把食堂内烟道布置在下风口，且不影响房间使用。

10.7　其　　他

10.7.1　应在综合楼建筑入口处设置无障碍设计，室外台阶应同时设置坡道。

10.7.2　综合楼内厨房、配电室的门应采用向外（疏散方向）开启的防火门，防火门等级符合消防规范要求。

10.7.3　电话网络应预留站外至站内综合楼的电缆通道，用于后期信息外网、程控电话和有线电视等线缆敷设。

第 11 章　GIS 室

11.1　一般设计原则

11.1.1　GIS 室宽度应满足断路器气室更换要求。

11.1.2　GIS 室宜设置两台行吊,行吊应有减速功能。

11.1.3　GIS 室应安装能报警的氧量仪或 SF_6 气体泄漏报警仪,每个门外侧安装显示器及语音提示装置。

11.1.4　GIS 室内应采用机械排风。

11.1.5　GIS 室两侧出线套管下方应设置行车道,便于大型作业车辆开展安装及检修作业。

11.2　建筑设计

11.2.1　应仔细校核 GIS 室建筑柱间斜撑与门窗、墙体轴流风机等位置,避免其发生冲突。

11.2.2　GIS 室开门位置与排水井位置不应冲突。

11.2.3　GIS 室散水位置不应与 GIS 分支母线基础位置发生冲突。

11.2.4　GIS 室两端大门宜采用电动平推门或钢制平开折叠大门,并符合消防要求。

11.2.5　GIS 室两侧宜每隔 30m 各设置一个小门,方便巡检。

11.2.6　GIS 室门底部应在地面零米以下,门底框应采用耐承压型钢,并能承受至少 50t 的荷载。

11.2.7　GIS 室宜采用水性聚氨酯自流平地面,并满足消防规范要求。

11.3　结构设计

11.3.1　作用在 GIS 室结构上的荷载除一般建筑结构荷载外,还包括吊车竖向荷载、吊车纵横向水平荷载。

11.3.2　GIS 室纵向电缆沟宜分段设坡,并对应设置多个排水管引至雨水井,避免坡降过大造成电缆沟深度变化过大。

第 12 章　检修备品库

12.1　一般设计原则

12.1.1　检修备品库宜采用钢排架结构形式，围护体系应采用压型钢板。

12.1.2　检修备品库大门应满足大型车辆进入的要求，同时大门的开启方式不能影响其使用。

12.1.3　应充足考虑备品备件物资堆放场地。

12.2　检修备品库建筑及结构

12.2.1　室内应设置行车检修梯，检修梯应满足相关规范要求。

12.2.2　检修备品库内宜设计极母线直流分压器基座，便于极母线直流分压器竖直存放。

12.2.3　检修备品库采光窗户宜布置在外墙下部，便于日常维护。

12.2.4　检修备品库地面做法应满足重载车进入的要求，应满足相关规范中重载地面的要求。

12.2.5　检修备件库设计应考虑备件的摆放及备件进出备品库的运输要求。

12.2.6　检修备品库室内桁车检修平台设置直爬梯，上部带护笼。

12.2.7　检修备品库内应装设行吊，行吊应有减速功能，行吊载重应满足起吊极母线穿墙套管要求。

12.2.8　吊车梁应采用钢梁，不宜采用混凝土梁。

12.3　门

12.3.1　检修备品库车辆进出大门宜采用电动推拉钢板门或平开钢大门，且方便大型作业车进出。

12.3.2　检修备品库的电动门、卷帘门邻近应另设平开疏散门，或在门上设疏散门。

12.3.3　检修行车需要通过特种装备检测。

12.3.4 施工单位对检修备品库行车订货完成以后，需及时将相关行车资料提供给设计院。

12.3.5 检修备品库室内吊车检修平台设置直爬梯，上部带护笼。

12.3.6 检修备品库两端各加装 1 个行吊控制器安置箱，箱体暗嵌墙内，箱体尺寸尽量与全站户内箱体尺寸一致；行吊宜采用无线控制器。

第 13 章 综 合 水 泵 房

13.1 综合水泵房建筑

13.1.1 综合水泵房生产水泵、消防水泵等的控制设备，应设置在综合水泵房零米层。

13.1.2 综合水泵房地面类型的选择，应根据生产特征、设计功能、使用要求确定。

13.1.3 在气温较低的换流站，综合水泵房（消防及生活水）应设计保温措施，避免出现管道冻裂的情况。

13.2 综合水泵房结构

13.2.1 综合水泵房上部结构宜采用钢结构。

13.2.2 综合水泵房屋面板宜采用装配式叠合楼板，不宜采用现浇混凝土屋面。

第14章 其他建筑物（警卫传达室、车库）

14.1 一般设计原则

14.1.1 干式平波电抗器备品应修建独立仓库单独存放，仓库位置应方便备品的搬运，仓库屋顶应方便拆卸和恢复。

14.1.2 警卫传达室内应配置围墙和大门图像监控及安防系统终端，方便保卫人员检查。

14.1.3 设备区与生活区之间应设置不锈钢或塑钢围栏进行安全隔离。

14.1.4 建筑施工图应满足相关规范要求，细节设计应与当地习惯做法相统一。

14.1.5 大门及标识墙设计时需注意与进站道路的衔接问题，避免出现从站外向站内看大门及标识墙过高或过低的现象。

14.1.6 大门应与站内侧道路转弯半径做好衔接。

14.1.7 车库层高和室内净高应根据停放车辆高度，结合结构专业梁高综合确定。

14.1.8 车库地面应考虑防排水，地面应有集、排水设施。

14.1.9 通行车辆的外门坡道，其宽度为门宽加 500~1000mm，并应有防滑处理。

14.1.10 应充分考虑检修和巡检通道的设置，通道宽度应考虑大型作业车辆的转弯半径。

14.2 警卫传达室

14.2.1 警卫传达室不宜设置户外爬梯。

14.2.2 警卫传达室母子门顶标高宜与窗户顶标高一致。

14.2.3 警卫传达室户外空调机穿楼板套管位置应优化布置，空调室内机外露铜管最短，并考虑冷凝水排水管的布置，将冷凝水管采用三通形式接入排水管或暗埋至排水沟。

14.2.4 警卫传达室应设置独立卫生间。

第 15 章　交流滤波器场、直流场

15.1　一　般　规　定

15.1.1　交流滤波器、直流场围栏内场地应采用硬化方案。围栏内地坪方案应保持一致，避免出现不均匀沉降。

15.1.2　隔离开关、接地开关、电压互感器、避雷器设备区域应设计硬化检修通道。

15.1.3　交流滤波器场等断路器汇控柜基础留孔与汇控柜底部留孔应保持一致。

15.1.4　滤波场 CMB 接线盒处电缆井盖板顶标高与操作地坪平齐。

15.1.5　电缆沟道路径规划应避开设备操作平台基础。

15.2　构支架及基础一般规定

15.2.1　结构的安全等级应遵照现行相关标准要求选取。

15.2.2　构架的温度区段长度（伸缩缝的间距）不宜超过相应规范的规定，否则在进行结构选材时，必须计算温度作用效应组合或采取其他可靠措施减少构架超长产生的温度应力。各杆件强度（应力比）、构架柱顶水平变位、构架梁挠度应满足现行相关标准要求。

15.2.3　结构分析软件应选用正确、空间模型应与计算简图相符。

15.2.4　基本风压、地震烈度、地基承载力特征值等原始设计输入应正确。

15.2.5　荷载及荷载组合应正确、完整。

15.2.6　混凝土、钢材、连接螺栓、钢结构涂装等材料选用应全站统一；焊缝质量等级要求应表述准确。

15.2.7　构架爬梯应设置护笼或防坠落装置，梁内应设置走道板及栏杆，爬梯和走道板的设置应全站统一。

15.2.8　构架梁应按要求预起拱。

15.2.9　钢管柱底部应设排水孔。

15.2.10　构架基础持力层选择、基础埋深及基础型式等应正确合理，基础杯口深度应满足抗拔计算要求。

15.2.11 构支架和设备支架杆头板的尺寸、高度、方向、螺栓孔距应能满足设备安装和二次引下管要求，避免现场二次开孔和焊接。

15.2.12 接地端子的位置、数量、螺栓孔距应满足相关规定要求，接地件的大小及方向应全站统一，接地端子螺栓孔的直径不应小于 15mm，接地端子不少于两孔。接地端子底部与保护帽顶部距离以不小于 200mm 为宜，便于涂刷或粘贴接地标识。

15.2.13 设备支柱上部接地端子的位置应便于接地体的安装，接地端子的数量应与设备双接地或单接地的要求一致。

15.2.14 对随设备支柱一体加工的隔离开关机构箱固定基座误差提出要求，以保证隔离开关垂直拉杆的垂直度。

15.2.15 设备支架柱（杆）的基础应不影响操作机构箱电缆穿管的顺畅穿入。

15.3 构支架工艺要求

15.3.1 全站电气设备构支架、避雷线塔、避雷针结构样式应统一为钢管或钢管桁架构支架。

15.3.2 全站钢构支架外表面要求镀锌均匀、色泽一致，无变形及损伤；现场外喷一道 919 防腐涂料。

15.3.3 构支架和设备支架杆头板的尺寸、高度、方向、螺栓孔距应能满足设备安装和二次引下管要求，避免现场二次开孔和焊接；接地端子的位置、数量、朝向、螺栓孔距应满足相关规定要求，接地端子底部与保护帽顶部距离以不小于 200mm 为宜。

15.3.4 平台栏杆、爬梯（安装位置、第一根踏棍及护笼距地高度等）以及接地端子等做法应统一。

15.3.5 同一基础上的多支柱设备构支架端头板螺栓孔位（角度）应统一。

15.3.6 构支架焊缝方向、接地方向、高度一致，排水孔方向一致、高度一致。

15.4 断路器操作平台

15.4.1 敞开式断路器操作平台的爬梯设计要考虑运行维护方便，与地面角度不超过 45°。

15.4.2 维护平台大小应能满足前后柜门开启 90°要求。

15.4.3 平台围栏设计高度不应低于 1050mm 防护强度满足要求。

15.4.4 操作平台单独设置支撑基础，不宜设置在电缆沟上。

15.5　平波电抗器基础

15.5.1　平波电抗器基础应进行沉降验算。

15.5.2　平波电抗器基础宜采用环形基础，基础钢筋交接处采取绝缘措施。

15.6　接　　地

15.6.1　构支架接地槽钢尺寸应与接地线截面相匹配。

15.6.2　设备引下接地线建议均采用铜排，铜排之间采用放热熔焊。

15.6.3　构支架和设备接地，应做到规格一致、高度一致、方向一致；构支架接地端子宽度应与铜排一致。

第2篇 电气篇

第 16 章 电 气 一 次

16.1 主 接 线 图

16.1.1 扩建：过渡接线是否合理。扩建工程的接口与现实情况是否一致，原有设备、母线及导线等是否仍可利用、应在何时更换。拆旧装新的设备，应在主接线图中特别注明。

16.1.2 接地开关：接地开关的配置是否正确合理。

16.1.3 站用电：站用电备用电源是否考虑，路数是否满足反措要求，材料是否已开列，与配套工程的分界点是否明确。

16.2 电 气 总 平 面 图

16.2.1 运输通道：站内交通运输是否方便，是否方便运行、维护、检修。与土建专业配合：道路转弯半径、宽度是否满足大件运输的需要，设备区的地坪做法是否满足扩建、抢修等要求。运输通道设计是否满足低运高建要求。

16.2.2 扩建：有无发展场地，过渡是否方便，布置是否考虑停电需求。

16.2.3 布置：各回进出线排列及相序是否正确，与线路的界面是否清晰，设计单位应提前与线路设计校核。

16.3 配电装置布置及安装图

16.3.1 施工说明：

（1）主要包括图纸上没有或者无法反映出来的但对工程实施有重大影响的事项，例如，设计范围及分界、建设规模、施工单位工作范围及材料划分、电气安全距离要求、设备外绝缘设计标准、设备订货注意事项、施工安装注意事项、出线构架允许荷载以及出线导线最大允许偏角等。

（2）审核主要设计依据及对初步设计评审意见的执行情况；采用新技术、新设备、新材料、新工艺时，应详细说明技术特性及注意事项；主要设备材料清册中的设备名称、型号及规格、单位、数量及材料划分。

16.3.2 一致性：要注意施工图与初步设计方案的一致性，加强设计校核与施工图检查，确保电气接线图、平面布置图、断面图、安装施工图之间一致、正确。

16.3.3 断面图：应准确定位并标注换流变压器、构架、导线挂点、道路的位置；应标注设备、构架、道路的中心线、设备间距以及间隔的总体尺寸；核实构架爬梯及接地是否有落到电缆沟盖板上部的问题；应开列设备材料表；图中设备应注明"编号"，该编号应与"设备材料表"中的"编号"一致。

16.3.4 带电距离：对全站带电部位的带电距离进行仔细校核。尤其是消防管道与换流变压器、变压器等设备套管，进线避雷器之间，交流滤波器场路灯与过路管形母线之间，继电器室屋面对带电体之间，直流转换开关并联避雷器与操作围栏之间的带电距离等。

16.3.5 导线安装图：导线安装放线表应注明"仅供参考"字样。本图应以表格的形式注明各跨导线在不同温度下的水平拉力、导线弧垂，并用示意图说明导线跨的位置。

16.3.6 设备安装图：应详细注明设备的安装尺寸、安装方式、安装方向、安装要求，以及与安装有关的设备总体外形尺寸等。

16.3.7 平面布置图：定位并注明设备、导线、构架、导线挂点、道路、防火墙和阀厅的位置；应标注设备、构架、道路的中心线、设备间距以及配电装置的总体尺寸；应注明配电装置的方位；必要时注明配电装置断面图的视图位置。

16.3.8 配电装置：

（1）审核其与主接线中设备、导体的型号、参数的一致性，是否注明各间隔名称、相序、母线编号等。

（2）导线、均压环、绝缘子串选型应满足电晕校验条件并考虑电晕噪声优化措施。

（3）要求有安全净距校验，包括设备带电部分与运输通道、相邻构筑物、相邻带电体等的安全净距。

（4）审核软导线跨线"温度－弧垂－张力"关系的放线表。

（5）审核母线架构高度、母线高度、母线固定支持金具、母线滑动支持金具、母线伸缩线夹、母线接地器、隔离开关静触头安装位置。

（6）设备安装图要注明设备外形及尺寸、设备基础及设备支架高度、设备底部安装孔孔径间距、一次接线板（材质、外形尺寸、孔径及孔间距），并说明安装件的加工要求和设备接地引线安装要求，对于有二次电缆进入的设备应标注二次电缆位置。

（7）核实不同卷册之间的接口是否明确，避免遗漏。核实是否明确设备安装螺栓的供货方（随设备厂供或乙供）。

16.3.9 换流变压器：

（1）断面应详细标注设备、支架等中心线之间的距离，标注断面总尺寸；断面应标注管形母线的标高、设备安装支架高度，需要时标注设备高度；断面应标注各种必要的安全净距。

（2）换流变压器安装图应包括备用换流变压器、控制箱、油色谱在线监测装置安装图，注明换流变压器铁芯、夹件和钢格栅的接地方式，换流变压器的固定方法，注明电缆埋管或者电缆槽盒。

（3）设备安装图中应注明一次接线板（材质、外形尺寸、孔径及孔间距），二次电缆接线位置，接地引线安装要求；换流变压器升高座及屏蔽罩应通过换流变压器本体接地一点接地并满足热稳定容量要求。

16.3.10　阀厅电气设备：审核各相设备名称、相序和安装单位号；要求注明各种必要的安全净距；充气式穿墙套管安装图应标注气体压力控制装置；要求注明设备基础、设备支架高度及设备底部安装孔孔径间距，设备支架接地、设备工作接地的预留接地点；阀厅侧墙安装的接地开关，应考虑彩板波峰波谷凹凸面产生的误差；二次电缆进入的设备应标注二次电缆位置；安装材料表应注明编号、名称、型号及规格、单位、数量及备注，所需材料按设备数量成套统计。阀厅照明灯具、消防探头、空调通风管道、红外探头、监控摄像头及辅助设施、管线、槽盒等安装位置应远离阀塔，避免运行时异物掉落在阀塔内。

16.3.11　避雷器：避雷器的泄漏电流表/计数器应布置在易于运行人员观测的地方，宜尽量统一避雷器表计的安装高度。避雷器的压力释放口不应朝向泄漏电流表方向，也不应朝向巡视通道、其他电气设备。避雷器、避雷针、避雷线的接地端子应采用专门敷设的接地线接地。避雷器、放电间隙应用最短的接地线与接地网连接。审核避雷器低压端与计数器间连线是否按要求设置支撑绝缘子，计数器至 2.5m 高范围内接地线是否采取绝缘措施。

16.3.12　接地端子：全站接地端子（接地耳）应统一优化设计，使接地端子（接地耳）方向统一、高度统一、大小一致。对设备厂家设计的本体接地端子，设计应提出满足变电站设备接地引线搭接面积的要求。应在施工图和设备招标技术规范中统一设备本体、端子箱等接地端子的尺寸型号。

16.3.13　电流互感器（TA）编号：交流配电装置中 TA 的编号应与控制保护中 TA 的编号保持一致，确保后台 TA 事件的正确性。

16.3.14　金具搭接：换流站阀厅和直流场通流回路的设备、金具等端子板连接的搭接面积按照《换流站导体和电器选择设计规程》（DL/T 5584—2020）的有关规定执行。

16.3.15　管形母线线夹：合理选择管形母线连接线夹，避免线夹偏小导致连接线与管形母线金具触碰发热。审核支撑式管形母线是否正确配置固定式或者滑动式支撑线夹。

16.3.16　电抗器：

（1）平波电抗器、PLC 电抗器等干式空心电抗器的基础内钢筋、底层绝缘子的接地线，以及所采用的金属围栏，不应通过自身和接地线构成闭合回路。

（2）电抗器防磁范围内应采用防磁性设备及支架。

（3）用于设备安装的全部钢铁附件，包括螺栓、螺帽和垫圈应做防腐处理。

16.3.17　换流变压器固定：换流变压器如采用螺栓连接方式固定，则在方案中需要考虑由于施工造成的安装螺栓对位不准、与压力释放管道碰撞等原因造成设备安装不便的问题。

16.3.18 悬挂设备管形母线：设备以悬挂方式连接在管形母线上时，应尽量减少管形母线跨度，降低管形母线挠度。合理安排管形母线长度并在图中明确焊接口位置及补强措施。

16.3.19 隔离开关：±800kV隔离开关采用成品字形的三支柱支撑，机构箱布置在三支柱中间，机构箱设置有前门和侧门，应避免机构箱的前门正对其中一根支柱，导致开门空间较小，运行人员操作不方便。此外，机构箱应采用可靠固定方式，避免运行过程中移位引发故障。

16.3.20 站用直流系统：

（1）站用直流系统馈出网络应采用辐射状供电，不得采用环状供电方式，以防发生直流接地时增加直流接地的范围，增加跳闸回路误出口的可能性。

（2）站用直流系统的充电装置的交流电源宜来自站内不同10kV母线，两套独立的UPS系统交流电源应取自站内不同10kV母线段。

16.3.21 站外电源：站用电系统站外电源进线应设置进线隔离开关，以方便该支路相应设备检修。

16.3.22 站用电系统：

（1）审核各站用变压器引接电源、高压侧、中压侧设备参数、低压侧的接线及运行方式。

（2）审核站用电系统至换流阀内冷、换流阀外冷、阀厅空调、控制楼空调、各动力箱（屏）、照明箱、消防泵等重要负荷的引接方式。

（3）审核各段母线回路排列、回路名称、设备的型号规格及参数、电缆编号、型号及规格、开关柜的选型、外形尺寸是否正确合理。

（4）审核换流变压器、备用变动力电缆容量，确保满足所有冷却器全部同时启动的要求。

（5）审核站用变压器容量、导体、元器件参数和电缆的选择计算。

（6）须与二次专业配合确定哪些回路有切非要求，动力屏或动力箱是否有切非回路并设置切非模块。

16.3.23 防雷及接地：

（1）审核主接地网、集中接地体及设备引下线等材质及截面选择计算。审核主接地网、加强接地网及集中接地装置的水平接地体和垂直接地体的布置，主接地网网格尺寸。

（2）校验接地体敷设、安装详图是否与本工程一致，应满足主要电气设备双接地要求，与主接地网两根不同干线连接。校验室内接地网布置是否合理，与户外或者上（下）层接地网的连接是否合理。

（3）审核阀厅接地引上点及地干线的走向布置，与主接地网的连接点及引接方式，阀厅钢结构接地点、地面屏蔽网及墙体屏蔽网接地连接点及引接方式。

（4）审核GIS、HGIS设备、高土壤电阻率地区等特殊接地方式的接地布置及安装要求；审核主接地网过道路、电缆沟等的敷设要求，以及对接地网敷设层的要求；审核临时接地端子（接地端子盒）型式、加工制作方法、制作所需材料及其施工注意事项；审核接地引入集中接地装置连接点详图以及接地体搭接、延长等安装详图。

（5）审核接地引线搭接面积及螺栓尺寸是否满足搭接要求。审核线路 OPGW 引下接地是否满足规定，审核等电位接地网的走向布置、与主接地网的连接点及连接方式。

（6）审核通过尾端 TA 直接接地的避雷器集中接地装置是否遗漏。审核屋面布置较高的设备（如空调等）是否在防雷范围内，如不在防雷范围内，需采取防雷屏蔽笼等防雷措施。

16.3.24 电缆及其设施：审核换流站站区、各级配电装置、阀厅、控制楼、继电器小室，以及辅助建筑物内电缆沟、电缆桥架、防火设施及电缆敷设路径的布置；审核不同电压等级电力电缆、控制电缆、通信电缆排列顺序及工艺控制；审核进出建筑物、转弯处等关键部位电缆通道的容量，并采取适当加大措施，确保电缆敷设空间；审核电缆沟"十""T"形接口处所采取的支架加强设施；审核高端阀厅与辅控制楼之间桥架的接口是否相符（一般为两家设计院）；审核阀厅、控制楼各楼层、继电器小室电缆出入口屏蔽模块的布置、规格、数量及其汇总；要求电缆清册中注明每根电缆的编号、规格、始点位置、终点位置、长度，并计列厂家供货的电缆（单独计列），以供施工单位核算安装工作量。

16.3.25 照明系统：

（1）审核照明电源系统、工作及事故照明电源系统、动力系统的供电方式及运行方式，审核各配电箱名称、型号、进线回路工作容量、工作电流、开关规格和型号、导体规格和型号等；要求照明箱、灯具位置，照明回路、照明灯数量、容量、安装高度、导线和电缆敷设路径、导线根数及截面，穿管及电缆敷设的图例说明表示完整。

（2）审核站区照明方式是否与初步设计审批文件一致。站内各个区域的照明方式及照明种类设置是否合理，是否兼顾了远期规模。站内各个区域的光源、照明器的选择是否合理，是否满足要求。站内各个区域的照度是否满足要求。负荷统计是否准确。站区照明检修电源系统是否合理，是否满足要求。照明线路的截面是否满足线路计算电流、电压损失、机械强度以及与保护装置之间的配合要求。站内各个区域的照明是否均进行了设计，不能遗漏，尤其是大门的照明。

（3）对于有远控功能需求的照明系统，照明的远方控制回路相关的接触器及辅助接点应配备齐全。

16.3.26 设备支架：

（1）对随设备支柱一体加工的隔离开关机构箱固定基座误差提出要求，以保证隔离开关垂直拉杆的垂直度。

（2）设备支架柱（杆）头板的几何形状与尺寸，不得影响电缆穿管与设备接线盒的连接；设备支架接地端子设置需与设备接地端子匹配。

（3）设备支架柱（杆）的基础应不影响操动机构箱电缆穿管的顺畅穿入。

16.3.27 绝缘子污秽等级：根据工程所在地的污染类型、水平、环境条件，合理配置绝缘子的污秽等级、爬距等。

16.3.28 设备选型：设备的性能参数（额定电流、电压，短路电流、电压等）除满足正常工作时可靠运行要求，还要适应所处位置（户内或户外）、环境温度、海拔，以及防火、防尘、防爆、防腐、防风沙等环境条件。

16.3.29 电流互感器：电流互感器极性方向是否与主接线一致。

16.3.30 阀厅空调：阀厅空调送风口不应位于换流阀塔正上方，防止空调冷凝水落至阀塔。

16.3.31 阀冷却系统：主泵前后应设置阀门，以便在不停运阀内冷水系统时进行主泵故障检修；主循环泵应冗余配置，交流电源开关应专用，禁止连接其他负荷。

16.3.32 接口：对于同类设备由多个不同厂家供货、关键部件（如套管）采用不同厂家或不同型式的情况，应重点审查接口，如接线板与金具的匹配等。

16.3.33 运维巡检：施工图应体现仪表、阀门的高度、朝向，并应符合巡检或无人巡视的要求。户外仪表应装设防雨罩。

16.3.34 检修起吊设施：

（1）审核户内设备安装、检修起吊设施的设置，是否满足设备最大起吊重量要求；电源接入位置、滑线型式选择是否合理。

（2）审核户内二层及以上设备安装、吊装平台设施的设置，是否满足设备最大起吊重量要求。

16.3.35 防火：审核动力电缆与控制电缆层间是否进行了防火分隔。审核靠近大型充油设备的电缆沟的防延燃措施。

第 17 章 电气二次及辅助系统

17.1 一 般 要 求

17.1.1 屏柜布置：二次专业的屏柜统一规划布置（直流屏、蓄电池、UPS柜、控制保护柜、公用柜等），端子排、屏柜颜色、尺寸、屏眉等应统一，盘、柜基础型钢应有明显且不少于两点的可靠接地。

17.1.2 监控系统：应重点审查监控系统配置是否满足要求，与各电气二次专业子系统的接口，主要包括直流控制、保护、防误闭锁装置、SF_6气体含量监测设施、采暖、通风、制冷、除湿设施、消防设施、安防设施、防汛排水系统、照明设施、视频监控系统、在线监测装置和智能辅助设施平台等。

17.1.3 扩建：各继电器小室、主控制室、计算机室及极控制保护室布置屏位要留有足够的备用，不仅要考虑最终规模的要求，还要考虑扩建的可能。站用公用系统如时钟、直流、监控系统交换机等应按远期规模在新建工程时一次上齐。

17.1.4 非电量保护信号：非电量保护跳闸信号和模拟量信号采样不宜经过中间元件转接，应直接接入控制保护系统或直接接入非电量保护屏。应预留足够的开关量信号接点位置，便于后期辅助系统的扩容等。

17.1.5 动力、控制电缆敷设：换流（变电）站内动力、控制电缆尽量不同沟分开敷设，如果同沟宜不同侧，如果同侧应采用防火墙隔板等措施。

17.1.6 二次回路与主接线：需核实电压互感器、电流互感器配置应与二次要求一致，包括次级数、额定变比、次级精度、容量等，应满足保护、测量、计量及调度部门的有关要求；对于电流互感器还需注意P1、P2极性应与电气二次的要求一致；核实换流变压器联结组别应与二次一致；核实设备安装代号应与二次一致。

17.1.7 电流互感器：电流互感器的二次回路应只有一点接地，宜在就地端子箱接地，"和电流"回路应在和电流的屏柜处接地。

17.1.8 电压互感器：电压互感器的一次侧隔离开关断开后，其二次回路应有防止反充电的措施；几组电压互感器二次绕组之间无电路联系时，可分别在不同的继电器室或配电装置内接地。

17.1.9 保护双重化：

（1）电力系统重要设备的继电保护应采用双重化配置，两套保护装置的跳闸回路应与断路器的两个跳闸线圈分别一一对应。

（2）两套保护装置的交流电流，应分别取自电流互感器互相独立的绕组；交流电压宜分别取自电压互感器互相独立的绕组，其保护范围应交叉重叠，避免死区。

（3）两套保护装置的直流电源，应取自不同蓄电池组供电的直流母线段。

17.1.10 二次回路：

（1）引入两组及以上电流互感器构成合电流的保护装置，各组电流互感器应分别引入保护装置，不应通过装置外部回路形成合电流。

（2）交流电流和交流电压回路、不同交流电压回路、交流和直流回路、强电和弱电回路、来自电压互感器二次的四根引入线和电压互感器开口三角绕组的两根引入线，均应使用各自独立的电缆。保护装置的跳闸回路和启动失灵回路均应使用各自独立的电缆。

（3）控制电缆宜采用多芯电缆，应尽可能减少电缆根数。在同一根电缆中不宜有不同安装单位的电缆芯。双重化保护的电流回路、电压回路、直流电源回路、双跳闸线圈的控制回路等，两套系统不应合用一根多芯电缆，即从 TA、TV 接线盒到端子箱再到控制保护屏，严格按照双套（三套）保护进行分缆，保证双套（三套）保护电缆全程独立。

（4）屏柜内的交直流接线，不应接在同一段端子排上。

（5）控制保护装置的 24V 控制和信号电源电缆不应出保护室，以免因干扰引起异常变位，即弱电压信号应避免远距离传输，相关屏柜应尽量靠近。

17.1.11 短引线保护：如存在串内分期投运的情况，应采用短引线保护或近区距离保护的设计或施工措施。

17.1.12 一致性：进行电气二次施工图与电气一次施工图的一致性核查，与电气二次埋管图的一致性核查。

17.2 换流变压器二次线

17.2.1 接口：根据换流变压器厂家资料进行控制接线设计。特别要注意与计算机监控系统、保护装置的接点引接的配合，与主接线核对进行测量部分电流电压回路的设计。

17.2.2 电流电压回路：配置应与主接线图一致，核对其极性、变比、准确级等参数的正确性。

17.2.3 保护配合：根据保护的要求注意与继电保护专业（失灵保护、母线保护、失灵启动等）的配合。注意与极控极保护的电流电压回路，跳闸闭锁换流阀接口的配合。

17.2.4 一致性：

（1）电缆清册内电缆截面、芯数、去向是否与图纸一致。

（2）换流变压器端子箱与换流变压器端子箱安装基础一致。

17.3　交流滤波器二次线

17.3.1　接口：

（1）注意与计算机监控系统的接点引接的配合。

（2）与配电装置之间相互引用的接点、回路编号及电缆联系要互相配合，无遗漏。

17.3.2　电流电压回路：按照主接线进行保护、测量、故障录波等电流电压回路的设计。

17.3.3　联锁：注意隔离开关、接地开关的配置及联锁情况，确保防误操作闭锁回路完善。

17.3.4　电缆走向：注意本专业各分册间电缆走向配合，避免电缆走向错误。

17.3.5　故障录波：滤波器小组中的各 TA 电流量均应采集到故障录波。

17.4　极控及换流阀二次线

17.4.1　接口：根据控制保护系统厂家资料和 VBE 厂家资料进行 VBE 接口回路接线设计。

17.4.2　电源回路：控制保护柜装置电源、信号电源应独立。

17.5　直流场二次线

17.5.1　接口：确认断路器、隔离开关配置是否满足计算机监控系统的要求，并根据断路器、隔离开关厂家资料及监控装置资料进行控制回路的设计。

17.5.2　一致性：审核断路器、隔离开关装设位置，TA、TV 的数量、变比、准确等级，二次线圈数量、装设位置是否与主接线图一致，是否满足控制保护的要求。

17.5.3　寄生回路：图中接点开闭位置应正确，无寄生回路。

17.6　站用电二次线

17.6.1　一致性：

（1）TA、TV 的数量、变比、准确等级，二次线圈数量、装设位置是否与主接线图一致，是否满足保护、自动装置和测量仪表的要求。

（2）设备表内设备符号、编号、数量是否与展开图一致。

17.6.2　控制回路：跳、合闸回路是否与一次设备操动机构一致。是否设有防跳回路。防跳回路在机构箱与操作箱内是否重复设置。控制图是否设计电源监视、跳合闸回路完整性监视回路。

17.6.3　寄生回路：图中接点开闭位置应正确，无寄生回路。

17.6.4 回路接地：核对电流互感器、电压互感器二次回路接地是否正确。核对电流回路、电压回路电缆截面选择是否满足要求。

17.6.5 回路设计：图纸间端子排电缆联系是否正确。联锁回路是否采用继电器常开接点，以防在熔断器熔断时造成联锁回路误动作。变电站内端子箱、机构箱、智能控制柜、汇控柜等屏柜内的交直流接线不应接在同一段端子排上。

17.7 站用直流系统

17.7.1 设备布置：直流屏、蓄电池的布置距离应满足规程要求，不同的蓄电池组之间应增加防火墙进行隔离。

17.7.2 蓄电池室：

（1）蓄电池室的数量应根据直流负载的距离和回路数综合考虑。对于面积较大的特高压换流站，一般应根据继保小室至少设置两个蓄电池室，优化合理布置。避免因直流负载回路太多、太长而导致直流母线绝缘监测装置报警。

（2）酸性蓄电池室（不含阀控式密封铅酸蓄电池室）照明、采暖通风和空气调节设施均应为防爆型，开关和插座等应装在蓄电池室的门外。

（3）审查蓄电池室内电缆埋管是否遗漏，位置是否正确。

17.7.3 一致性：校核直流系统图与计算书内容是否一致，信号、测量等与监控系统的接口是否满足要求，电缆清册内电缆截面、芯数、去向是否与图纸一致。

17.7.4 级差配合：设计资料中应提供全站直流系统上下级差配置图和各级断路器（熔断器）级差配合参数，校核断路器（熔断器）级差配合是否满足要求，避免越级跳闸。

17.7.5 直流电缆：

（1）校核电缆截面的选择是否满足压降要求。蓄电池组正极和负极引出电缆不应共用一根电缆，并采用单根多股铜芯电缆。

（2）直流系统的电缆应采用耐火电缆或采取了规定的耐火防护措施的阻燃电缆，两组蓄电池的电缆应分别敷设在各自独立的通道内，尽量避免与交流电缆并排敷设，在穿越电缆竖井时，应加穿金属套管。

17.7.6 负荷计算：校验直流系统负荷，容量应满足二次系统要求。用于应急照明的直流馈线容量应满足要求，应考虑主控室长明灯负荷。

17.7.7 对时：审查站用直流各绝缘监测装置对时接口设计情况。

17.8 交流不停电电源系统

17.8.1 负荷计算：根据施工图阶段的 UPS 负荷资料进行 UPS 系统设备负荷计算。旁路输入应经过隔离变压器（交流 220V）或降压变压器（交流 380V）。UPS 单机负载率不应高于 40%。外供交流电消失后 UPS 电池满载供电时间不应小于 2h。UPS 应至少具备两路独立的交流供电电源，且每台 UPS 的供电开关应独立。

17.8.2　接口：校核信号、测量等与监控系统的接口是否满足要求（如通信接口是否满足通信规约的要求）。

17.8.3　一致性：UPS 系统各图与厂家资料是否一致。注意 UPS 系统三路电源的引接，应满足反措要求。电缆清册内电缆截面、芯数、去向是否与图纸一致，并无遗漏。

17.8.4　切换装置：UPS 两段母线间不配置自动切换装置，避免当一段馈线故障时，自动切换装置将运行正常的母线切换至故障馈线，导致两路 UPS 均失电。

17.9　阀冷却系统

17.9.1　一致性：图中的控制测量设备装设位置是否与主接线图一致，是否满足控制和测量的要求。

17.9.2　冗余配置：审查各控制量及测量信号是否采用冗余配置。

17.9.3　保护配置：换流阀冷却控制系统应冗余配置、保护系统应三重化配置，并具备完善的自检和防误动措施。作用于跳闸的内冷水传感器应按照三套独立冗余配置，每个系统的内冷水保护对传感器采集量按照"三取二"原则出口。阀冷控制保护系统送至两套极或换流器控制系统的跳闸信号应交叉上送，防止单套传输回路元件或接线故障导致保护拒动。控制保护装置及各传感器电源应由两套电源同时供电，任一电源失电不影响控制保护及传感器的稳定运行。当阀冷保护检测到严重泄漏、注水流量过低或者进阀水温过高时，应自动闭锁换流器以防止换流阀损坏。

17.9.4　软启回路：新建工程主泵应采用软启动方式。主泵工频回路、软启回路控制电源空气开关应分开配置，软启和工频任一控制回路故障时，不影响另一控制回路。软启动器应采用三相控制型并具有独立的外置工频旁通回路，启动后转为工频旁通回路运行。软启回路应具备长期独立运行能力。

17.9.5　电源回路：

（1）阀外冷系统冷却器控制电源应相互独立，防止单一空开故障后导致多个冷却器同时停运。

（2）主泵安全开关不应设置低压脱扣功能，防止电压波动时导致主泵退出运行。

17.10　计算机监控系统

17.10.1　接口：审查计算机监控系统与各二次系统接口是否满足要求。

17.10.2　电缆、光缆：明确计算机监控系统所有网络电缆的供货方，特别是继电器室到主控制室的光缆，一般要求监控厂家提供全部网络电缆，继电器室到主控制室的光缆应留有备用芯并要求穿保护管或通过光缆槽盒敷设。

17.10.3　测点清册：测点清册是否按不同类型的测点分类统计，测点清册表中各项填写是否与各分册图纸相符。光缆及线缆清册内芯数、去向及长度应注明，并无遗漏。

17.11　火灾报警系统

17.11.1　设备选型、布置：根据使用环境，选择火灾报警探测器的类型。根据建筑物的结构、面积布置火灾报警探测器和报警设备。

17.11.2　接口：审查火灾报警系统厂家资料，确认对于组屏方案、设备安装的要求，火灾报警系统所配置的接口设备的通信接口是否满足要求。

17.11.3　防火区域划分：应根据工程情况，划分变电站防火区域，各区域之间要设有隔离模块。

17.11.4　联动：应明确火灾报警系统与视频、空调、风机、消防水泵、电梯、照明、门禁等的联动及信号。确认火灾报警系统自动灭火装置的联锁控制条件。

17.11.5　阀厅火灾报警系统跳闸逻辑：

（1）阀厅内若有1个烟雾探测器检测到烟雾报警，同时阀厅内任意1个紫外火焰探测器检测到弧光，应闭锁直流系统，并停运阀厅空调系统。

（2）阀厅内若进风口处烟雾探测器检测到烟雾，闭锁烟雾探测系统的跳闸出口回路，此时若有2个及以上紫外火焰探测器同时检测到弧光，仍允许闭锁直流系统，并停运阀厅空调系统。

17.11.6　阀厅烟雾探测器布置：

（1）烟雾探测系统管路布置应保证探测范围覆盖阀厅全部区域，且同一处的烟雾应至少能被2个探测器同时监测。

（2）阀厅空调进风口处应装设烟雾探测探头，采集周边环境背景烟雾浓度参考值，防止外部烧秸秆等产生的烟雾引起阀厅极早期烟雾探测系统误动。

（3）对每个阀塔配置紫外火焰探测器，每个阀塔的弧光应至少被2个紫外火焰探测器同时监测。

17.11.7　预留节点：电气设备间配电箱需核实，应预留火灾报警远方控制接点。

17.12　图像监控系统

17.12.1　接口：应明确计算机监控系统、火灾报警系统与图像监视系统的接口方式，确认图像监视系统所配置的接口设备的通信接口以及联动要求。

17.12.2　设备选型安装：站区安防设备的安装应注意围墙是否有台阶，根据实际情况选择安防设备型号和数量。

17.12.3 阀厅红外系统：移动式及固定式红外摄像机的电源控制箱均应安装在阀厅巡检走道内，便于运行维护。

17.13 时 间 同 步 对 时 系 统

17.13.1 裕度：注意主时钟柜及扩展柜配置是否满足本期工程需要。主时钟柜及扩展柜上的对时输出量是否满足控制及保护设备的需要，并留有一定的备用。

17.13.2 信号接收：时间同步系统应能同时接收北斗基准时间信号和 GPS 基准时间信号。

17.14 直流测量接口装置二次线

17.14.1 接口：注意各测量量是否满足保护系统及故障录波的接口要求。

17.14.2 电缆：不同的输出量共用一根电缆时应采用双对芯屏蔽电缆。

17.14.3 电源：审查双套系统或三套系统的电源及输入输出回路是否完全独立。

17.14.4 冗余配置：光电流互感器、光纤传输的直流分压器应配置冗余远端模块或传感光纤，并应做好远端模块至控制楼接口屏的光纤连接。当发生通道故障进行更换时可不停运直流，在合并单元或直流保护主机处切换光纤通道。

17.15 换流变压器泡沫消防系统

17.15.1 功能：审查泡沫消防系统自动灭火装置的联锁控制条件应满足要求。

17.15.2 产品认证：审查泡沫消防系统自动灭火装置型号是否满足 3C 认证要求。

17.15.3 电缆防火：所有连接电缆的敷设要求采取阻燃措施。

17.16 电 缆 及 清 册

17.16.1 电缆通道：

（1）室外电缆进入泵房时宜采用电缆桥架从室外地坪以上进入，避免雨水从地下开孔处渗入泵房内。水泵房内电缆通道宜采用电缆桥架架空敷设，不宜设置电缆沟，以避免电缆沟内积水。电缆沟安装支架后，底部及顶部距离是否满足规范要求，电缆支架容量是否满足电缆敷设需求。

（2）电缆埋管、电缆敷设路径是否合理，是否有全部通道布置不均匀的现象。核实是否合理设置了电缆桥架、槽盒，确保光纤、尾缆的防护措施到位，电缆埋管是否有遗漏。

（3）核对各电气设备的电缆进孔位置，检查各电缆保护管的埋设位置是否合理。站内各个区域电缆构筑物的选择、尺寸及布置是否合理，是否兼顾了远期规模。各种类型电缆在电缆构筑物中的排列顺序、电缆之间的距离要求、电缆敷设深度、电缆的弯曲半径要求以及电缆防火要求等是否进行了说明。

（4）站内电缆及电缆构筑物的防火方式是否与初步设计审批文件一致。各区域电缆防火方式是否合理、电缆防火封堵的设置是否满足防火要求、是否兼顾了远期扩建的需要，在站内应用的电缆防火封堵型式均应有详细的安装详图。

17.16.2　电缆清册：

（1）电缆清册应完整齐备，特别是二次专业提供的相关电缆。

（2）电缆清册内电缆截面、芯数、去向是否与图纸一致，无遗漏。电缆清册内电缆截面、芯数、去向是否与图纸一致，无遗漏。

（3）审查电缆清册电缆总量是否与初步设计评审结果一致。

17.17　等电位地网

17.17.1　各继电器小室、主控室、计算机室及极控制保护室应按照反措要求独立敷设与主接地网单点连接的二次等电位接地网，二次等电位接地点应有明显标志。

17.17.2　在保护室屏柜下层的电缆室（或电缆沟道）内，沿屏柜布置的方向逐排敷设截面积不小于 $100mm^2$ 的铜排（缆），将铜排（缆）的首端、末端分别连接，形成保护室内的等电位地网。该等电位地网应与变电站主地网一点相连，连接点设置在保护室的电缆沟道入口处。为保证连接可靠，等电位地网与主地网的连接应使用 4 根及以上，每根截面积不小于 $50mm^2$ 的铜排（缆）。

17.17.3　分散布置保护小室（含集装箱式保护小室）的变电站，每个小室均应参照 17.17.2 要求设置与主地网一点相连的等电位地网。小室之间若存在相互连接的二次电缆，则小室的等电位地网之间应使用截面积不小于 $100mm^2$ 的铜排（缆）可靠连接，连接点应设在小室等电位地网与变电站主接地网连接处。保护小室等电位地网与控制室、通信室等的地网之间亦应按上述要求进行连接。

17.17.4　微机保护和控制装置的屏柜下部应设有截面积不小于 $100mm^2$ 的铜排（不要求与保护屏绝缘），屏柜内所有装置、电缆屏蔽层、屏柜门体的接地端应用截面积不小于 $4mm^2$ 的多股铜线与其相连，铜排应用截面积不小于 $50mm^2$ 的铜缆接至保护室内的等电位接地网。

17.17.5　为防止地网中的大电流流经电缆屏蔽层，应在开关场二次电缆沟道内沿二次电缆敷设截面积不小于 $100mm^2$ 的专用铜排（缆）；专用铜排（缆）的一端在开关场的每个就地端子箱处与主接地网相连，另一端在保护室的电缆沟道入口处与主接地网相连，铜排不要求与电缆支架绝缘。

17.17.6　接有二次电缆的开关场就地端子箱内（汇控柜、智能控制柜）应设有铜排（不要求与端子箱外壳绝缘），二次电缆屏蔽层、保护装置及辅助装置接地端子、屏柜本体通过铜排接地。

铜排截面积不应小于 100mm²，一般设置在端子箱下部，通过截面积不小于 100mm² 的铜缆与电缆沟内截面积不小于 100mm² 的专用铜排（缆）及变电站主地网相连。

17.17.7　由一次设备（如变压器、断路器、隔离开关和电流、电压互感器等）直接引出的二次电缆的屏蔽层，应使用截面积不小于 4mm² 多股铜质软导线仅在就地端子箱处一点接地，在一次设备的接线盒（箱）处不接地，二次电缆经金属管从一次设备的接线盒（箱）引至电缆沟，并将金属管的上端与一次设备的底座或金属外壳良好焊接，金属管另一端应在距一次设备 3～5m 范围外与主接地网焊接。

17.17.8　对于分相机构的相间电缆屏蔽层（A 相至 B 相、C 相至 B 相），应在汇控箱处可靠单端接入二次等电位接地铜排。B 相电缆屏蔽层，应在端子箱处单端接入二次等电位接地铜排。